中央宣传部2022年主题出版重点出版物

林业草原

布局和举措

陈建成 | 主编

中国林业出版社
China Forestry Publishing House

图书在版编目（CIP）数据

林业草原国家公园融合发展．布局和举措／陈建成主编．—北京：中国林业出版社，2023.10
中央宣传部2022年主题出版重点出版物

ISBN 978-7-5219-2093-2

Ⅰ.①林… Ⅱ.①陈… Ⅲ.①国家公园—建设—研究—中国 Ⅳ.①S759.992

中国国家版本馆CIP数据核字（2023）第012300号

策　　划：刘先银　杨长峰
责任编辑：刘香瑞
宣传营销：王思明　杨小红　李思尧

出版发行：中国林业出版社
（100009，北京市西城区刘海胡同7号，电话010-83143545）
电子邮箱：cfphzbs@163.com
网址：https://www.cfph.net
印刷：北京中科印刷有限公司
版次：2023年10月第1版
印次：2023年10月第1次
开本：787mm×1092mm　1/16
印张：8
字数：135千字
定价：79.00元

中央宣传部2022年主题出版重点出版物

林业草原国家公园融合发展

布局和举措

编写组

主　编

陈建成

编写人员

陈建成　刘先银　林　震　宋　平　魏永莲

傅光华　张鹏骞　胡理乐　方宜亮　李婷婷

前言

时代呼唤着我们，人民期待着我们，唯有矢志不渝、笃行不怠，方能不负时代、不负人民。

过去的五年和新时代的十年，我们坚持习近平生态文明思想，坚持绿水青山就是金山银山理念，坚持山水林田湖草沙一体化保护和系统治理，全方位、全地域、全过程加强生态环境保护，生态文明制度体系更加健全，污染防治攻坚向纵深推进，绿色、循环、低碳发展迈出坚实步伐，生态环境保护发生历史性、转折性、全局性变化，我们的祖国天更蓝、山更绿、水更清。中国林草改革与发展取得了巨大成就，对绿水青山就是金山银山理念作出了生动诠释，为 8 亿农民脱贫致富奔小康和应对气候变化作出了巨大贡献。

历史的车轮驶入 21 世纪。这是一个大发展、大变革、大调整的时代，世界多极化、经济全球化、社会信息化、文化多样化持续推进，人与人、国与国之间相互联系、相互依存的关系更加紧密。这也是一个挑战层出不穷、风险日益增多的时代，全球化逆流涌动，疫情重创世界经济，各国缓慢复苏、增长乏力，发展失衡、贫富分化的鸿沟日益加深，战争危机、气候变化的威胁持续蔓延。

当前世界正面临 70 多年来最糟糕的发展困境，疫情、气候变化、粮荒、战争和通胀“五难并行”。我们面对风高浪急的国际环境和艰巨繁重的国内改革发展稳定任务，必须有足够的定力、坚定的信心，全面推进社会主义现代化强国建设。

立足新发展阶段，贯彻新发展理念，就必须加快构建新发展格局。中共中央政治局 2023 年 1 月 31 日下午就加快构建新发展格局进行第二次集体学习时，中共中央总书记习近平强调，加快构建新发展格局，是立足实现第二个百年奋斗目标、统筹发展和安全作出的战略决策，是把握未来发展主动权的战略部署；只有加快构建新发展格局，才能夯实我国经济发展的根基、增强发展的安全性稳定性，才能在各种可以预见和难以预见的狂风暴雨、惊涛骇浪中增强我国的生存力、竞争力、发展力、持续力，确保中华民族伟大复兴进程不被迟滞甚至中断，胜利实现全面建成社会主义现代化强国目标。

文明兴则国家兴。2022 年 3 月 30 日，习近平总书记在参加首都义务植树活动时首次提出“林草兴则生态兴”，这和总书记一直强调的“生态兴则文明兴”互为补充，相辅相成，不仅是对林草人的期望与嘱托，更是对国家兴旺、民族复兴的方向与路径指引。

党的二十大绘就了中国式现代化的宏伟蓝图，开启了中华民族复兴图强的崭新篇章。奋进人与自然和谐共生的中国式现代化新征程的时代号角已经吹响，中国林业草原国家公园融合发展必须守正创新，必须以习近平生态文明思想为根本遵循，以绿水青山就是金山银山理论为根本基调，以解决好保护和民生为根本问题，贯彻新理念，构建新格局，推进绿色高质量发展。在推动绿色发展，促进人与自然和谐共生中，尊重自然、顺应自然、保护自然，积极推进美丽中国、健康中国、平安中国建设，坚持山水林田湖草沙一体化保护和系统治理，为统筹产业结构调整、污染治理、生态保护、应对气候变化，协同推进降碳、减污、扩绿、增长，推进生态优先、节约集约、绿色低碳发展和提升生态系统多样性、稳定性、持续性及碳汇能力、国家安全等方面作出新的贡献。

基于此，我们编写了《林业草原国家公园融合发展 · 布局和举措》。该书集中了近年来诸多生态文明建设理论和实践的研究成果，结合党的二十大最新精神，围绕时代要求，坚持以习近平生态文明思想为根本遵循，展现了中国林业草原国家公园融合发展的布局和举措，具有重要的现实意义。

本书总体设计由主编和中国林业出版社刘先银先生完成。具体参加写作人员有：陈建成、刘先银、林震、宋平、魏永莲、傅光华、张鹏骞、胡理乐、方宜亮、李婷婷等。

书中运用了很多专家学者的研究成果，在此不一一赘述，特别给予感谢！

党的十八大以来，中国林业出版社完成了中宣部国家新闻出版署主题出版重点出版物和国家出版基金主题出版项目多项，本书属于 2022 年中宣部主题出版重点出版物，在此特别感谢中国林业出版社对本书出版的支持！

由于我们对党的二十大报告学习得不够深入，且水平有限，书中错误、疏漏在所难免，敬请大家批评指正。余虽不敏，余虽不才，然余诚矣，让我们共同为我国林业草原国家公园事业高质量发展贡献才智。

2022 年 11 月

目录

第一章

林业草原国家公园融合发展的根本遵循

第一节 习近平生态文明思想

习近平生态文明思想是习近平新时代中国特色社会主义思想的重要组成部分，是对我们党领导生态文明建设实践成就和宝贵经验提炼升华的重大理论创新成果，是我们党不懈探索生态文明建设的理论升华和实践结晶，是马克思主义基本原理同中国生态文明建设实践相结合、同中华优秀传统生态文化相结合的重大成果，是以习近平同志为核心的党中央治国理政实践创新和理论创新在生态文明建设领域的集中体现，是人类社会实现可持续发展的共同思想财富，是新时代我国生态文明建设的根本遵循和行动指南，是新时代推进美丽中国建设、实现人与自然和谐共生现代化的强大思想武器，为筑牢中华民族伟大复兴绿色根基、实现中华民族永续发展提供了根本指引，具有重大政治意义、理论意义、历史意义、实践意义、世界意义。

习近平生态文明思想为生态文明建设指明了前进方向。习近平总书记指出，生态文明建设是关系中华民族永续发展的根本大计。我们要坚定走生产发展、生活富裕、生态良好的文明发展道路，建设美丽中国，为人民创造良好生产生活环境，为全球生态安全作出贡献。党的十九大把“美丽中国”纳入社会主义现代化强国目标，提出到二〇三五年，生态环境根本好转，美丽中国目标基本实现；到本世纪中叶，把我国建成富强民主文明和谐美丽的社会主义现代化强国。党的十九届五中全会清晰展望了到二〇三五年基本实现社会主义现代化远景目标，提出要广泛形成绿色生产生活方式，碳排放达峰后稳中有降，生态环境根本好转，美丽中国建设目标基本实现。党的十九届六中全会通过的《中共中央关于党的百年奋斗重大成就和历史经验的决议》提出，要坚持人与自然和谐共生，协同推进人民富裕、国家强盛、中国美丽。

习近平生态文明思想为生态文明建设提供了行动指南。只要我们沿着习近平生态文明思想指引的方向坚定前行，持之以恒、久久为功，美丽中国宏伟目标就一定能够实现。

习近平生态文明思想指引生态文明建设取得历史性成就。伟大思想指引伟大实践。习近平生态文明思想是关于生态文明建设的认识论、价值论和方法论，对生态文明建设的总体思路、重大原则、目标任务、建设路径等作出全面谋划，在指导新时代生态文明建设的伟大实践中展现出强大的真理力量。在习近平生态文明思想的科学指引下，党的十八大以来，全党全国推动绿色发展的自觉性和主动性显著增强，美丽中国建设迈出重大步伐，我国生态文明建设发生历史性、转折性、全局性变化，创造了举世瞩目的生态奇迹和绿色发展奇迹，为全面建成小康社会增添了绿色底色和质量成色，为实现第二个百年奋斗目标、实现中华民族伟大复兴的中国梦奠定了坚实的绿色根基。我国生态文明建设取得的成就，也得到国际社会广泛肯定，为推动全球可持续发展贡献了中国智慧、中国方案和中国力量，我国成为全球生态文明建设的重要参与者、贡献者、引领者。

一、习近平生态文明思想的核心理念

伟大的时代产生伟大的理论，伟大的理论引领伟大的时代。党的十八大以来，以习近平同志为核心的党中央从中华民族永续发展的高度出发，深刻把握生态文明建设在新时代中国特色社会主义事业中的重要地位和战略意义，大力推动生态文明理论创新、实践创新、制度创新，创造性提出一系列富有中国特色、体现时代精神、引领人类文明发展进步的新理念新思想新战略，形成了习近平生态文明思想，高高举起了新时代生态文明建设的思想旗帜，为新时代我国生态文明建设和林业草原国家公园融合发展提供了根本遵循和行动指南。

习近平生态文明思想内涵丰富、博大精深，蕴含着丰富的马克思主义立场、观点和方法，包含着一系列具有原创性、时代性、指导性的重大思想观点，就其主要方面来讲，集中体现为“十个坚持”。

（一）坚持党对生态文明建设的全面领导

这是我国生态文明建设的根本保证。我们党历来高度重视生态文明建设，把节约资源和保护环境确立为基本国策，把可持续发展确立为国家战略。进入新时代，以习近平同志为核心的党中央加强对生态文明建设的全面领导，把生态文明建设摆在全局工作的突出位置，作出一系列重大决策和战略部署。

习近平总书记指出：“生态环境是关系党的使命宗旨的重大政治问题。”生态文明建设是统筹推进“五位一体”总体布局和协调推进“四个全面”战略布局的重要内容，党的全面领导具有“把舵定向”的重大作用。必须坚决担负起生态文明建设的政治责任，不断提高政治判断力、政治领悟力、政治执行力，心怀“国之大者”，当好生态卫士，坚持正确政绩观，严格实行党政同责、一岗双责，确保党中央关于生态文明建设的各项决策部署落地见效。

（二）坚持生态兴则文明兴

这是我国生态文明建设的历史依据。生态兴则文明兴、生态衰则文明衰，这是人与自然和谐共生的新生态自然观，揭示了生态与文明的内在关系，更把生态保护的重要性提升到了关系国家和民族命运的高度。历史上有许多文明古国，都是因为遭受生态破坏而导致文明衰落。“天育物有时，地生财有限，而人之欲无极。”人类只有遵循自然规律才能有效防止在开发利用自然上走弯路，人类对大自然的伤害最终会伤及人类自身，这是无法抗拒的规律。人类尊重自然、顺应自然、保护自然，自然则滋养人类、哺育人类、启迪人类。

习近平总书记强调：“生态环境是人类生存和发展的根基，生态环境变化直接影响文明兴衰演替。”古今中外有许多深刻教训表明，只有尊重自然规律，才能有效防止在开发利用自然上走弯路。必须深刻认识生态环境是人类生存最为基础的条件，把人类活动限制在生态环境能够承受的限度内，给自然生态留下休养生息的时间和空间。以对人民群众、对子孙后代高度负责的态度和责任，加强生态文明建设，筑牢中华民族永续发展的生态根基。

（三）坚持人与自然和谐共生

这是我国生态文明建设的基本原则。习近平生态文明思想的鲜明主题是努力实现人与自然和谐共生。人与自然是生命共同体，生态兴衰关系文明兴衰，如何实现人与自然和谐共生是人类文明发展的基本问题。习近平总书记站在中华民族和人类文明永续发展的高度，深刻把握人类社会历史经验和发展规律，汲取中华优秀传统生态文化的思想智慧，直面中国之问、世界之问、人民之问、时代之问，以马克思主义政治家、思想家、战略家的深刻洞察力、敏锐判断力、理论创造力，围绕人与自然和谐共生这一主题，深刻阐释了人与自然和谐共生的内在规律和本质要求，深刻揭示并系统回答了为什么建设生态文明、建设什么样的生态文明、怎样建设生态文明等重大理论和实践问题，为中华民族伟大复兴和永续发展提供了强大思想武器，为人类社会可持续发展提供了科学思想指引。

习近平总书记指出：“自然是生命之母，人与自然是生命共同体。”中国式现代化具有许多重要特征，其中之一就是我国现代化是人与自然和谐共生的现代化，注重同步推进物质文明建设和生态文明建设。必须敬畏自然、尊重自然、顺应自然、保护自然，始终站在人与自然和谐共生的高度来谋划经济社会发展，坚持节约资源和保护环境的基本国策，坚持节约优先、保护优先、自然恢复为主的方针，努力建设人与自然和谐共生的现代化。

（四）坚持绿水青山就是金山银山

这是我国生态文明建设的核心理念。绿水青山和金山银山是辩证统一的关系。牢固树立绿水青山就是金山银山的理念，促进绿水青山更好转化为金山银山，推动经济社会发展全面绿色转型。

习近平总书记强调："绿水青山既是自然财富、生态财富，又是社会财富、经济财富。"实践证明，经济发展不能以破坏生态为代价，生态本身就是经济，保护生态就是发展生产力。必须处理好绿水青山和金山银山的关系，坚定不移保护绿水青山，努力把绿水青山蕴含的生态产品价值转化为金山银山，让良好生态环境成为经济社会持续健康发展的支撑点，促进经济发展和环境保护双赢。

（五）坚持良好生态环境是最普惠的民生福祉

这是我国生态文明建设的宗旨要求。环境就是民生，青山就是美丽，蓝天也是幸福。良好生态环境是实现中华民族永续发展的内在要求，是增进民生福祉的优先领域，是建设美丽中国的重要基础。党的十八大以来，党中央高度重视生态环境保护，下定决心深入打好污染防治攻坚战，着力建设健康宜居美丽家园，有效防范生态环境风险。

习近平总书记指出："良好的生态环境是最公平的公共产品，是最普惠的民生福祉。"随着我国社会主要矛盾转化为人民日益增长的美好生活需要和不平衡不充分的发展之间的矛盾，人民群众对优美生态环境的需要已经成为这一矛盾的重要方面。加强生态文明建设是人民群众追求高品质生活的共识和呼声。必须落实以人民为中心的发展思想，解决好人民群众反映强烈的突出环境问题，提供更多优质生态产品，让人民过上高品质生活。

（六）坚持绿色发展是发展观的深刻革命

这是我国生态文明建设的战略路径。新时代抓发展，必须更加突出发展理念，坚定不移贯彻创新、协调、绿色、开放、共享的新发展理念，推动高质量发展。绿色发展是新发展理念的重要组成部分，是生态文明建设的必然要求，是解决污染问题的根本之策。建立健全绿色低碳循环发展经济体系，促进经济社会发展全面绿色转型，是解决我国资源环境生态问题的基础之策。努力实现碳达峰碳中和是党中央经过深思熟虑作出的重大战略决策，是我们对国际社会的庄严承诺，也是推动高质量发展的内在要求。区域发展是国家重大发展战略，坚持生态优先、绿色发展是实施区域重大战略的应有之义，打造国家重大战略绿色发展高地是把握新发展阶段、贯彻新发展理念、构建新发展格局，促进高质量发展的必然要求。

习近平总书记强调："绿色发展是生态文明建设的必然要求。"坚持绿色发展是对生产方式、生活方式、思维方式和价值观念的全方位革命性变革，是对自然规律和经济社会可持续发展一般规律的深刻把握。必须把实现减污降碳协同增效作为促进经济社会发展全面绿色转型的总抓手，加快建立健全绿色低碳循环发展经济体系，加快形成绿色发展方式和生活方式，坚定不移走生产发展、生活富裕、生态良好的文明发展道路。

（七）坚持统筹山水林田湖草沙系统治理

这是我国生态文明建设的系统观念。山水林田湖草沙是不可分割的生态系统。统筹山水林田湖草沙系统治理，必须坚持保护优先、自然恢复为主，深入推进生态保护和修复。要为自然守住边界和底线，全面提升自然生态系统稳定性和生态服务功能，形成人与自然和谐共生的格局。

习近平总书记指出："生态是统一的自然系统，是相互依存、紧密联系的有机链条。"统筹山水林田湖草沙系统治理，深刻揭示了生态系统的整体性、系统性及其内在发展规律，为全方位、全地域、全过程开展生态文明建设提供了方法论指导。必须从系统工程和全局角度寻求新的治理之道，更加注重综合治理、系统治理、源头治理，实施好生态保护修复工程，加大生态系统保护力度，提升生态系统稳定性和可持续性。

（八）坚持用最严格制度最严密法治保护生态环境

这是我国生态文明建设的制度保障。建设生态文明，重在建章立制，用最严格的制度、最严密的法治保护生态环境。

习近平总书记强调："我国生态环境保护中存在的突出问题大多同体制不健全、制度不严格、法治不严密、执行不到位、惩处不得力有关。"保护生态环境必须依靠制度、依靠法治。必须把制度建设作为推进生态文明建设的重中之重，健全源头预防、过程控制、损害赔偿、责任追究的生态环境保护体系，构建产权清晰、多元参与、激励约束并重、系统完整的生态文明制度体系，强化制度供给和执行，让制度成为刚性约束和不可触碰的高压线。推进生态环境治理体系和治理能力现代化，为推动生态环境根本好转、建设美丽中国提供有力的制度保障。

（九）坚持把建设美丽中国转化为全体人民自觉行动

这是我国生态文明建设的社会力量。要建立健全以生态价值观念为准则的生态文化体系，弘扬生态文明主流价值观，倡导尊重自然、爱护自然的绿色价值观念，培养热爱自然、珍爱生命的生态意识，积极培育生态文化、生态道德，让天蓝地绿水清深入人心，让生态文化成为全社会的共同价值理念。

习近平总书记指出："生态文明是人民群众共同参与共同建设共同享有的事业。"每个人都是生态环境的保护者、建设者、受益者，没有哪个人是旁观者、局外人、批评家，谁也不能只说不做、置身事外。必须建立健全以生态价值观念为准则的生态文化体系，牢固树立社会主义生态文明观，倡导简约适度、绿色低碳、文明健康的生活方式和消费模式。加强生态文明宣传教育，把建设美丽中国转化为每一个人的自觉行动。

（十）坚持共谋全球生态文明建设之路

这是我国生态文明建设的全球倡议。地球是人类生存与发展的共同家园，是实现人类和全球可持续发展的唯一载体。人类面临的所有全球性问题，任何一国想单打独斗都无法解决，必须开展全球行动、全球应对、全球合作。作为大国，中国必须发出全球倡议，贡献大国方略。

习近平总书记强调："生态文明是人类文明发展的历史趋势。"建设美丽家园是人类的共同梦想。面对生态环境挑战，人类是一荣俱荣、一损俱损的命运共同体，没有哪个国家能独善其身。必须秉持人类命运共同体理念，同舟共济、共同努力，构筑尊崇自然、绿色发展的生态体系，积极应对气候变化，保护生物多样性，为实现全球可持续发展、共建清洁美丽世界贡献中国智慧和中国方案。

二、习近平生态文明思想的时代价值

习近平生态文明思想系统阐释了人与自然、保护与发展、环境与民生、国内与国际等关系，标志着我们党对社会主义生态文明建设的规律性认识达到新的高度。习近平总书记一系列重要论述，掷地有声、催人奋进、发人深省，表明了我们党加强生态文明建设的坚定意志和坚强决心。党的十八大以来，党中央加强对生态文明建设的全面领导，各级党委政府切实担负起生态文明建设政治责任，为我国生态文明建设取得历史性成就、发生历史性变革提供了根本保障。

（一）习近平生态文明思想是我们党关于生态文明理论探索的深化与创新

我们党在领导中国革命、建设和改革的过程中，不断探索生态文明建设与经济社会发展的辩证关系，形成了科学系统完整、具有中国特色的生态文明建设理论体系，为我国在不同历史时期正确处理人口与资源、经济发展与生态环境保护等关系指明了方向。党的十八大以来，以习近平同志为主要代表的中国共产党人，在几代中国共产党人不懈探索的基础上，以新的视野、新的认识、新的理念，赋予生态文明建设理论新的时代内涵。习近平生态文明思想是百年来我们党在生态文明建设方面奋斗成就和历史经验的集中体现，是社会主义生态文明建设理论创新成果和实践创新成果的集大成，是一个系统完整、逻辑严密、内涵丰富、博大精深的科学体系。从习近平总书记有关生态文明建设的一系列论述中可以看出，发展战略、发展路径、发展目标，构成了习近平生态文明思想的基本方面。

1. 生态文明建设是发展战略

党的十八大把生态文明建设纳入中国特色社会主义事业“五位一体”总体布局，明确提出大力推进生态文明建设，努力建设美丽中国，实现中华民族永续发展。这标志着我们对中国特色社会主义规律认识的进一步深化，是新时期中国共产党运用整体文明理论指导当代中国的又一重大理论创新成果。突出生态文明建设在“五位一体”总体布局中的重要地位，表明中国共产党从全局和战略高度解决日益严峻的生态矛盾，确保生态安全，加强生态文明建设的坚定意志和坚强决心。同时，生态文明建设在“五位一体”总体布局中具有突出地位，发挥独特功能，为经济建设、政治建设、文化建设、社会建设奠定坚实的自然基础和提供丰富的生态滋养，推动美丽中国的建设蓝图一步步成为现实。

2. 绿色发展方式是发展路径

恩格斯曾经说道：“不要过分陶醉于我们对于自然界的胜利，对于每一次这样的胜利，自然界都报复了我们。”所以人类的发展活动必须尊重自然、顺应自然、保护自然，否则就会遭到大自然的报复。只有让发展方式绿色转型，才能适应自然的规律。绿色是生命的象征，是大自然的底色；绿色是对美好生活的向往，是人民群众的热切期盼；绿色发展代表了当今科技和产业变革方向，是最有前途的发展领域。

尊重自然、顺应自然、保护自然，是全面建设社会主义现代化国家的内在要求。必须牢固树立和践行绿水青山就是金山银山的理念，站在人与自然和谐共生的高度谋划发展。我们要推进美丽中国建设，坚持山水林田湖草沙一体化保护和系统治理，统筹产业结构调整、污染治理、生态保护、应对气候变化，协同推进降碳、减污、扩绿、增长，推进生态优先、节约集约、绿色低碳发展。

高质量发展是全面建设社会主义现代化国家的首要任务。发展是党执政兴国的第一要务。绿色发展理念作为党科学把握发展规律的创新理念，明确了新形势下完成第一要务的重点领域和有力抓手，为党切实担当起新时期执政兴国使命指明了前进方向。必须要坚持和贯彻新发展理念，像保护眼睛一样保护生态环境，像对待生命一样对待生态环境。加深对自然规律的认识，自觉以规律的认识指导行动。绿色发展不仅明确了我国发展的目标取向，更丰富了中国梦的伟大蓝图，是生态文明建设中必不可少的部分。

3. 建设美丽中国是发展目标

尽管我们在生态建设方面取得了很大成效，但生态环境保护仍然任重道远。步入新时代，我国社会主要矛盾已经转化为人民日益增长的美好生活需要和不平衡不充分的发展之间的矛盾，而对优美生态环境的需要则是对美好生活需要的重要组成部分。在党的十九大报告中，将“美丽”纳入建设社会主义现代化强国的奋斗目标之中，提出要建立“美丽中国”。“还自然以宁静、和谐、美丽”，这句富有诗意的表述，实际上反映了党的执政理念，体现了党的责任担当和历史使命。党的十九大报告指出，到二〇三五年基本实现社会主义现代化，生态环境根本好转，美丽中国目标基本实现；到本世纪中叶，建成富强民主文明和谐美丽的社会主义现代化强国，我国物质文明、政治文明、精神文明、社会文明、生态文明将全面提升。

（二）习近平生态文明思想是马克思主义关于人与自然关系思想的继承与创新

人与自然的关系是人类社会最基本的关系。马克思主义认为，人靠自然界生活，自然不仅给人类提供了生活资料来源，而且给人类提供了生产资料来源。自然物构成人类生存的自然条件，人类在同自然的互动中生产、生活、发展，但“如果说人靠科学和创造性天才征服了自然力，那么自然力也对人进行报复”。习近平生态文明思想中的“人与自然和谐共生”“绿水青山就是金山银山”等理念，运用和深化了马克思主义关于人与自然、生产和生态的辩证统一关系的认识，实现了马克思主义关于人与自然关系思想的与时俱进，是当代中国马克思主义、二十一世纪马克思主义在生态文明建设领域的集中体现。

（三）习近平生态文明思想是中华优秀传统生态文化的吸收与发展

中国自古以来就形成了丰富的生态智慧和文化传统。尊重自然、热爱自然是中华民族数千年生生不息、繁衍不绝的重要原因，倡导“天地与我并生，而万物与我为一”的“天人合一”思想是中华文明的鲜明特色和独特标识。习近平生态文明思想根植于中华优秀传统生态文化，深刻阐释了人与自然和谐共生的内在规律和本质要求，赋予中华优秀传统生态文化崭新的时代内涵，推动中华优秀传统生态文化创造性转化和创新性发展，让古老的思想文化在二十一世纪的当代中国焕发出新的生机活力，体现了中华文化和中国精神的时代精华。

（四）习近平生态文明思想是全球可持续发展经验成果的借鉴与超越

工业化创造了前所未有的物质财富，也造成了难以弥补的生态创伤。保护生态环境、推动可持续发展成为国际社会共识和行动。习近平生态文明思想深刻揭示，生态文明是人类文明发展的历史趋势，是工业文明发展到一定阶段的产物，是实现人与自然和谐共生的新要求。习近平总书记从构建人类命运共同体的高度出发，提出全球发展倡议，呼吁构筑尊崇自然、绿色发展的生态体系，共同构建地球生命共同体，共同建设清洁美丽的世界。习近平生态文明思想凝结着对发展人类文明、建设清洁美丽世界的睿智思考和深刻洞见，是中国式现代化道路和人类文明新形态的重要内容和重大成果，也是对西方以资本为中心、物质主义膨胀、先污染后治理的现代化发展道路的批判与超越，开辟了人类可持续发展理论和实践的新境界。

三、习近平生态文明思想的理论贡献

习近平生态文明思想立足时代之基，是完善社会主义生态文明体系的科学理论，是立足新发展阶段的必然选择，是习近平新时代中国特色社会主义思想的有机组成和重要内容，开辟了人与自然和谐发展与全面建设社会主义现代化强国的新征程、新境界、新格局，为实现中华民族伟大复兴的美丽中国梦提供了根本遵循。

（一）习近平生态文明思想对构建中国特色社会主义生态文明思想作出重大贡献

习近平生态文明思想闪耀着马克思主义唯物史观和唯物辩证法的光辉。马克思主义唯物史观认为，物质生产力是全部社会生活的物质基础，发展生产力必须尊重自然规律，不能以破坏生态环境为代价。习近平生态文明思想从人类文明发展史的高度，抓住了“生产力”这一推动人类社会文明变迁的根本性变革力量，反复强调推进生态文明建设、保护和改善生态环境就是发展生产力。

习近平生态文明思想把建设生态文明与坚持中国特色社会主义完整地统一起来。习近平总书记在关于“五位一体”总体布局和“四个全面”战略布局重要内容的论述中，把建设生态文明与坚持中国特色社会主义完整地统一起来，这是对中国特色社会主义理论体系的重要发展和贡献。习近平总书记强调，人民利益是我们党一切工作的根本出发点和落脚点，党的一切工作必须以最广大人民根本利益为最高标准。这同样适用于推进生态文明建设，那就是必须坚持人民至上，把体现人民利益、反映人民愿望、维护人民权益、增进人民福祉落实到“五位一体”的生态文明建设全过程，把人民满意作为检验生态文明建设成效的最高标准，积极回应人民群众新要求新期待，切实发挥人民在推进生态文明建设中的主体地位，人民对美好生活的期待就是我们的奋斗目标。

要想建成更高水平的小康社会，首先要解决好“不平衡”“不全面”“低水平”等问题。对于传统的发展模式，模式和思维不加以改变，依然是高投入、高能耗、高排放、低效率的方式，那么建设小康社会将成为一句空话。目前，我国正处于加速发展时期，而资源环境压力日益凸显，能源稀缺已经成为制约社会主义现代化建设的重要因素。唯有保护环境和节约资源，才能为经济社会持续发展夯实基础。

（二）习近平生态文明思想成为世界话语体系的构建者、实践者，也必将成为和谐社会建设的引领者

中国特色社会主义进入新时代，我国社会主要矛盾已经转化为人民日益增长的美好生活需要和不平衡不充分的发展之间的矛盾。人们对物质文化的需求达到了更高的层次，对环境保护、生态安全等方面的要求也日益提升。习近平总书记强调，“生态文明建设是关系中华民族永续发展的根本大计”。这是对生态文明建设历史地位、战略地位新的宣示。习近平总书记指出：“落后就要挨打，贫穷就要挨饿，失语就要挨骂。”要真正解决挨骂问题，就必须加快构建中国特色哲学社会科学话语体系，以有效提高主流意识形态话语权和国际话语权。要构建中国的世界话语体系，最基本同时也是最核心的，就是要构建能为世界作出贡献的中国理论。

习近平总书记提出的构建人类命运共同体，就是一种具有原创性和标识性且能为世界作出贡献的中国理论。习近平生态文明思想所蕴含的地球人类家园的整体思维、人与自然生命共同体的辩证系统思维，为构建人类命运共同体、建设清洁美丽世界提供了根本遵循和价值引领，为变革全球治理体系、构建全球公平正义的新秩序提供了中国方案、中国经验和中国智慧。习近平生态文明思想的话语理论体系和实践体系的丰富与发展必将成为世界话语体系的构建者、实践者、引领者。

习近平生态文明思想根植和升华于生生不息的中华文明，充分吸纳中华优秀传统文化的时代价值，对中华优秀传统文化进行了创造性转化和创新性发展。

习近平总书记指出：“中华传统文化源远流长、博大精深，中华民族形成和发展过程中产生的各种思想文化，记载了中华民族在长期奋斗中开展的精神活动、进行的理性思维、创造的文化成果，反映了中华民族的精神追求，其中最核心的内容已经成为中华民族最基本的文化基因。”中华优秀传统文化中蕴含着丰富的生态智慧，倡导人与自然、人与人、人与社会的和谐共存。中国传统文化经典中朴素的生态理念在哲学上主张“天人合一”，在伦理上主张“仁爱万物”，在行动上主张“道法自然”，体现着深刻的生态哲学。人与自然和谐相处、互为依存的观念，早已深入我们祖先的生活，赋予了中国人浓郁的自然情怀。2021 年 10 月，习近平主席出席《生物多样性公约》第十五次缔约方大会领导人峰会并发表主旨讲话，指出：“万物各得其和以生，各得其养以成。”生物多样性使地球充满生机，也是人类生存和发展的基础。保护生物多样性有助于维护地球家园，促进人类可持续发展。

在习近平生态文明思想科学指引下，惠及亿万人民福祉的绿色征程已经开启，美丽中国的美好图景正在铺展。

（三）习近平生态文明思想为开启全面建设社会主义现代化国家新征程提供了坚实保障

“雄关漫道真如铁，而今迈步从头越。”习近平生态文明思想是建设美丽中国的行动指南，指导决胜全面建成小康社会，向历史交出了一份优异的答卷。以全面建成小康社会为新的历史起点，我们党团结带领人民统筹推进“五位一体”总体布局、协调推进“四个全面”战略布局，意气风发向着全面建成社会主义现代化强国的第二个百年奋斗目标迈进，在新征程上创造中华民族新的更大奇迹。

习近平生态文明思想彰显了深厚的“我将无我、不负人民”的为民情怀，充分彰显了人民至上、以人为本的价值观。习近平总书记强调，“良好生态环境是最公平的公共产品，是最普惠的民生福祉”“发展经济是为了民生，保护生态环境同样也是为了民生”。人民对美好生活的向往包含对美好生活环境的向往。习近平生态文明思想阐明了生态环境与人民对美好生活环境的向往的具体联系和直接关联。贯彻落实习近平生态文明思想，全面推进新时代生态文明建设，要忠实践行以人民为中心的发展思想，树立正确的政绩观，坚持生态惠民、生态利民、生态为民，坚持综合治理、系统治理、源头治理，坚持依法依规、从严从实、动真较真，努力为人民提供更多优质生态产品，让人民群众在绿水青山中共享自然之美、生命之美、生活之美，不断满足人民对美好生活环境的向往。

总而言之，习近平生态文明思想是吸收中国传统文化优势和世界人类文明进步成果的系统科学，是对马克思主义政治经济学的重大创新，是马克思理论中国化的重大成果。不仅为中国式现代化建设和高质量发展提供了科学理论和根本指导，也为世界绿色发展提供了中国方案，贡献了中国智慧，发挥了中国力量，具有划时代的理论意义和实践意义。

四、习近平生态文明思想的实践要求

习近平生态文明思想基于历史、立足当下、面向全球、着眼未来。新时代，在实现中华民族伟大复兴的历史进程中，推进生态文明建设的使命更加光荣、责任更加重大、任务更加艰巨。必须坚定不移用习近平生态文明思想武装头脑、指导实践、推动工作。

（一）努力建设人与自然和谐共生的美丽中国

习近平总书记指出："走向生态文明新时代，建设美丽中国，是实现中华民族伟大复兴的中国梦的重要内容。"党的十九大将美丽中国作为建成社会主义现代化强国的奋斗目标之一，并作出具体部署，明确到2035年美丽中国建设目标基本实现。党的十九届六中全会《中共中央关于党的百年奋斗重大成就和历史经验的决议》指出，坚持人与自然和谐共生，统筹发展和安全，加快国防和军队现代化，协同推进人民富裕、国家强盛、中国美丽。要以习近平生态文明思想为指引，深刻认识和把握生态文明建设的重要性、紧迫性以及我国生态文明建设的战略方向和目标要求，从中华民族永续发展、坚持和发展中国特色社会主义的高度，以对历史、对人民、对子孙后代高度负责的态度，努力建设人与自然和谐共生的美丽中国。

（二）坚决扛起生态文明建设的政治责任

习近平总书记指出："我国生态环境矛盾有一个历史积累过程，不是一天变坏的，但不能在我们手里变得越来越坏，共产党人应该有这样的胸怀和意志。"生态文明建设是大仗、硬仗、苦仗，党的十八大以来，我国生态文明建设取得历史性成就、发生历史性变革，但仍然面临诸多矛盾和挑战。各级党委政府和领导干部，要坚决扛起生态文明建设的政治责任，把生态文明建设摆在全局工作的突出位置。必须充分认识生态文明建设是一项长期的战略任务，也是一个复杂的系统工程，不可能一蹴而就，保持战略定力，坚持不懈、奋发有为、久久为功。

（三）加快推动经济社会发展全面绿色转型

习近平总书记指出："绿色发展是构建高质量现代化经济体系的必然要求，是解决污染问题的根本之策。""十四五"时期，我国生态文明建设进入了以降碳为重点战略方向、推动减污降碳协同增效、促进经济社会发展全面绿色转型、实现生态环境质量改善由量变到质变的关键时期。坚持绿色发展是发展观的一场深刻革命，要加快推动生产方式、生活方式、思维方式和价值观念的全方位、革命性变革，着力推动产业结构、能源结构、交通运输结构等的调整和优化，大力推动生态产品价值实现，把碳达峰碳中和纳入生态文明建设整体布局和经济社会发展全局，让绿色成为普遍形态，努力实现碳达峰碳中和，以高水平保护促进高质量发展、创造高品质生活。

（四）为人民群众提供更多优质生态产品

习近平总书记指出，我国生态文明建设“已进入提供更多优质生态产品以满足人民日益增长的优美生态环境需要的攻坚期”。要悟透以人民为中心的发展思想，坚持生态惠民、生态利民、生态为民，把解决突出生态环境问题作为民生优先领域。坚持精准治污、科学治污、依法治污，保持力度、延伸深度、拓宽广度，深入打好污染防治攻坚战，有效防范生态环境风险，建设天更蓝、山更绿、水更清、环境更优美的美丽中国。统筹山水林田湖草沙系统治理，加强生物多样性保护，提升生态系统质量和稳定性，着力建设健康宜居的美丽家园，还自然以宁静、和谐、美丽，让良好生态环境成为人民幸福生活的增长点、成为经济社会持续健康发展的支撑点、成为展现我国良好形象的发力点，不断提升人民群众生态环境获得感、幸福感、安全感。

（五）推进生态环境治理体系和治理能力现代化

习近平总书记指出：“要提高生态环境治理体系和治理能力现代化水平。”进入新发展阶段，全面推进生态文明建设和美丽中国建设面临新形势、新任务、新挑战。要健全党委领导、政府主导、企业主体、社会组织和公众共同参与的现代环境治理体系，深入推进生态文明体制改革，让建设美丽中国成为全体人民的自觉行动。不断提高推进生态文明建设战略思维能力、科学决策能力，树立底线意识，强化系统思维，把系统观念贯彻到生态保护和高质量发展全过程，不断提高生态环境治理水平。

（六）推动共建清洁美丽世界

习近平总书记指出：“建设绿色家园是人类的共同梦想。”要深刻理解和把握习近平生态文明思想蕴含的天下情怀和大国担当，秉持人类命运共同体理念，深度参与全球生态环境治理，主动承担与我国国情、发展阶段和能力相适应的环境治理义务，为全球提供更多公共产品，积极引导国际秩序变革方向，推动构建地球生命共同体。持之以恒加强应对气候变化、生物多样性保护等国际合作，共同打造绿色“一带一路”，持续为全球可持续发展贡献中国智慧、中国方案和中国力量。

第二节 习近平总书记重要讲话重要指示批示精神

习近平总书记的重要讲话、重要指示批示精神，既是对我们工作的激励和鞭策，又为我们做好工作提供了根本遵循。党的十八大以来，习近平总书记每年都参加首都义务植树活动，多次视察林区牧区工作，对林业草原改革发展提出了一系列新思想新观点新论断，涉及科学绿化、国家公园、资源保护、产业发展、制度建设等各个方面，为林草改革发展指明了方向，提出了新的更高要求。为此，我们要牢记总书记嘱托，进一步提高政治判断力、政治领悟力、政治执行力，以实际行动捍卫"两个确立"、做到"两个维护"，着力推动林草重点工作提质量上水平。

一、在开展科学绿化方面

2016 年 1 月 26 日，习近平总书记在中央财经领导小组第十二次会议上强调，森林关系国家生态安全。要着力推进国土绿化，坚持全民义务植树活动，加强重点林业工程建设，实施新一轮退耕还林。要着力提高森林质量，坚持保护优先、自然修复为主，坚持数量和质量并重、质量优先，坚持封山育林、人工造林并举。要完善天然林保护制度，宜封则封、宜造则造，宜林则林、宜灌则灌、宜草则草，实施森林质量精准提升工程。要着力开展森林城市建设，搞好城市内绿化，使城市适宜绿化的地方都绿起来。搞好城市周边绿化，充分利用不适宜耕作的土地开展绿化造林；搞好城市群绿化，扩大城市之间的生态空间。

2022 年 3 月 30 日，习近平总书记在参加首都义务植树活动时对在场的干部群众强调，实现中华民族永续发展，始终是我们孜孜不倦追求的目标。新中国成立以来，党团结带领全国各族人民植树造林、绿化祖国，取得了历史性成就，创造了令世人瞩目的生态奇迹。党的十八大以来，我们坚持绿水青山就是金山银山的理念，全面加强生态文明建设，推进国土绿化，改善城乡人居环境，美丽中国正在不断变为现实。同时，我们也要看到，生态系统保护和修复、生态环境根本改善不可能一蹴而就，仍然需要付出长期艰苦努力，必须锲而不舍、驰而不息。森林是水库、钱库、粮库，现在应该再加上一个“碳库”。森林和草原对国家生态安全具有基础性、战略性作用，林草兴则生态兴。现在，我国生态文明建设进入了实现生态环境改善由量变到质变的关键时期。我们要坚定不移贯彻新发展理念，坚定不移走生态优先、绿色发展之路，统筹推进山水林田湖草沙一体化保护和系统治理，科学开展国土绿化，提升林草资源总量和质量，巩固和增强生态系统碳汇能力，为推动全球环境和气候治理、建设人与自然和谐共生的现代化作出更大贡献。植绿护绿、关爱自然是中华民族的传统美德。要弘扬塞罕坝精神，继续推进全民义务植树工作，创新方式方法，加强宣传教育，科学、节俭、务实组织开展义务植树活动。各级领导干部要抓好国土绿化和生态文明建设各项工作，让锦绣河山造福人民。

为此，我们既要坚定信心，通过拓展绿化空间、改进绿化方式不断扩大

塞罕坝万顷碧波（胡增晓 摄）

增量；又要因地制宜，通过开展森林经营、调整品种结构优化存量。

二、在国家公园建设方面

2021年10月12日，国家主席习近平在联合国《生物多样性公约》第十五次缔约方大会领导人峰会宣布：中国正式设立三江源、大熊猫、东北虎豹、海南热带雨林、武夷山等第一批国家公园，保护面积达23万平方公里，涵盖近30%的陆域国家重点保护野生动植物种类。

这是载入史册的新华章，在“两个一百年”奋斗目标的历史交汇点，中国生态文明建设留下新的历史印记。这是万众瞩目的新起点，在以高质量发展为主题的“十四五”开局之年，建设美丽中国有了新样板、新高地。这是提振中国精神、中国士气的新成果，在奔向中华民族伟大复兴的新征程，凝聚起奋进新时代的磅礴力量。

党的十八届三中全会以来，习近平总书记亲自谋划、亲自部署、亲自推动国家公园建设，把建立国家公园体制当作共产党人牢记初心使命的“国之大者”来推动。“要着力建设国家公园，保护自然生态系统的原真性和完整性，给子孙后代留下一些自然遗产。要整合设立国家公园，更好保护珍稀濒危动物。”“为加强生物多样性保护，中国正加快构建以国家公园为主体的自然保护地体系，逐步把自然生态系统最重要、自然景观最独特、自然遗产最精华、

生物多样性最富集的区域纳入国家公园体系”……习近平总书记关于国家公园的一系列重要讲话和指示批示，系统阐述了国家公园的理念、内涵、目标和建设任务，成为国家公园建设的根本遵循。

为此，我们要对标对表习近平总书记重要讲话和指示要求，把持续推进国家公园建设作为一项重大政治任务。一是要高质量建设第一批国家公园，抓紧落实管理机构设置、总体规划编制、勘界立标、自然资源资产确权登记等工作。充分发挥局省联席会议机制作用，着力推动解决矛盾冲突、社区协

三江源国家公园澜沧江上游（宋平 摄）

海南热带雨林国家公园内的长臂猿（李文永 摄）

调发展等难点堵点。各专员办要积极参与国家公园监督管理，协调推进重点工作落实，重大问题及时报告。二是要组织落实《国家公园空间布局方案》，按照“成熟一个设立一个”的原则，稳步推进国家公园创建工作。“十四五”时期要重点创建黄河口、秦岭、亚洲象等一大批国家公园，有关省要加大力度、积极推进。三是要完善自然保护地领域法律制度体系，加快推进自然保护地、国家公园立法。同时，要尽快启动自然保护地整合优化工作，推动解决历史遗留问题、现实矛盾冲突和地方面临实际困难。

三、在生物多样性保护方面

2020 年 9 月 30 日，国家主席习近平在联合国生物多样性峰会上通过视频发表重要讲话，指出：生物多样性关系人类福祉，是人类赖以生存和发展的重要基础。工业文明创造了巨大物质财富，但也带来了生物多样性丧失和环境破坏的生态危机。生态兴则文明兴。我们要站在对人类文明负责的高度，尊重自然、顺应自然、保护自然，探索人与自然和谐共生之路，促进经济发展与生态保护协调统一，共建繁荣、清洁、美丽的世界。中国坚持山水林田湖草生命共同体，协同推进生物多样性治理。加快国家生物多样性保护立法步伐，划定生态保护红线，建立国家公园体系，实施生物多样性保护重大工程，提高社会参与和公众意识。过去10年，森林资源增长面积超过7000万公顷，居全球首位。长时间、大规模治理沙化、荒漠化，有效保护修复湿地，生物遗传资源收集保藏量位居世界前列。90%的陆地生态系统类型和85%的重点野生动物种群得到有效保护。

2021年10月12日，习近平主席以视频方式出席《生物多样性公约》第十五次缔约方大会领导人峰会，并发表主旨讲话，指出："万物各得其和以生，各得其养以成。"生物多样性使地球充满生机，也是人类生存和发展的基础。保护生物多样性有助于维护地球家园，促进人类可持续发展。国际社会要加强合作，心往一处想、劲往一处使，共建地球生命共同体。

2022年12月，在《生物多样性公约》第十五次缔约方大会第二阶段高级别会议开幕式上，习近平主席以视频方式致辞，指出：中国积极推进生态文明建设和生物多样性保护，不断强化生物多样性主流化，实施生态保护红线制度，建立以国家公园为主体的自然保护地体系，实施生物多样性保护重大工程，实施最严格执法监管，一大批珍稀濒危物种得到有效保护，生态系统多样性、稳定性和可持续性不断增强，走出了一条中国特色的生物多样性保护之路。未来，中国将持续加强生态文明建设，站在人与自然和谐共生的

三江源国家公园可可西里的藏羚羊（宋平　摄）

高度谋划发展，响应联合国生态系统恢复十年行动计划，实施一大批生物多样性保护修复重大工程，深化国际交流合作，研究支持举办生物多样性国际论坛，依托“一带一路”绿色发展国际联盟，发挥好昆明生物多样性基金作用，向发展中国家提供力所能及的支持和帮助，推动全球生物多样性治理迈上新台阶。

在这三次国际会议上，习近平主席向全世界发出中国声音，展现了共建地球生命共同体的中国主张，彰显了人与自然和谐共生的中国智慧。

四、在强化林草资源管护方面

2020 年 11 月 2 日，习近平主持召开中央全面深化改革委员会第十六次会议，审议《关于全面推行林长制的意见》。会议指出，森林和草原是重要的自然生态系统，对维护国家生态安全、推进生态文明建设具有基础性、战略性作用。这是党中央、国务院站在中华民族永续发展的战略高度，第一次对森林和草原的共同作用作出深刻阐释。林草人为之振奋、备受鼓舞，也深感责任重大、使命光荣。

从“像保护眼睛一样保护生态环境，像对待生命一样对待生态环境”到“在祖国北疆构筑起万里绿色长城”，再到“环境就是民生，青山就是美丽，蓝天也是幸福”……总书记关于生态保护的这些重要论述，从人民大会堂传遍神州大地，凝聚起亿万人民追求美好生活的奋斗力量。抓好保护是我们的基本职责，保护第一理念必须牢固树立，决不可动摇、跑偏。要把资源保护管理放在更加突出的位置，牢固树立保护就是发展的理念，充分发挥好林长制引领作用和生态护林员基础支撑作用，坚决守住守好一代代林草人艰苦奋斗、牺牲奉献取得的来之不易的林草资源。一是要认真组织开展林长制督查考核，压紧压实各级保护责任。要坚持定量与定性相结合，长期与短期相结合，科学设置考核指标、权重分值和考核等级。对森林覆盖率、森林蓄积量、草原综合植被盖度、沙化土地治理面积、湿地保护率等五项主要指标五年考核一次，每年发布变化情况；对科学绿化、以国家公园为主体的自然保护地体系建设、野生动植物保护、资源保护管理、林草灾害防控等五项重点工作每年考核一次；对发生毁林毁草重大案件、重大火灾、重大有害生物灾害等情况的，实行“一票否决”。督查考核工作采取各省自评、国家测评、随机抽查相结合方式进行，务实高效、简便易行、一看就懂，坚决不增加地方负担，坚决反对形式主义。二是要持续开展林草生态综合监测评价，认真落实部局联合印发的《关于共同做好森林、草原、湿地调查监测工作的意见》，加强沟通合作和成果共享，统一工作部署，统一以上一年度国土变更调查成果为底图，调查监测成果由两部门共同审核、统一发布。要注重强化队伍建设和技术装备，不断提高调查监测能力水平。三是要加快林草生态网络感知系统建设，完善使用功能，强化林草资源图、林草防火、造林绿化落地上图、保护地管理、松材线虫病监管、生态护林员联动管理等业务应用。四是要探索林草资源综合监管工作模式，依法严格保护林地、草原和湿地，认真落实林地用途管制和定额管理制度，划定基本草原并严格保护管理，制定湿地面积总量管控措施，坚决守住生态保护红线。五是要创新工作方式，用好集中会战、挂牌督办、媒体曝光、警示约谈、有奖举报等措施，进一步加大案件查办力度。要敢于较真碰硬，不怕得罪人，不当老好人，坚决查处一批大案要案。

林草生态网络感知系统·林草融媒体（国家林业和草原局规划院 供图）

五、在构建生态安全屏障方面

党的十九届五中全会通过《中共中央关于制定国民经济和社会发展第十四个五年规划和二〇三五年远景目标的建议》，明确提出生态安全屏障更加牢固、生态环境根本好转、美丽中国建设目标基本实现，以及守住自然生态安全边界、建设人与自然和谐共生的现代化等生态文明建设新目标。

2020 年 11 月 2 日，习近平主持召开中央全面深化改革委员会第十六次会议，审议《关于全面推行林长制的意见》。会议指出，森林和草原是重要的自然生态系统，对维护国家生态安全、推进生态文明建设具有基础性、战略性作用。

2020 年 11 月 22 日，习近平在二十国集团领导人利雅得峰会“守护地球”主题边会上致辞时强调，中国将构筑尊重自然的生态系统，为打造更牢固的全球生态安全屏障、共同建设清洁美丽的世界贡献力量。

近年来，中国积极推动建立以国家公园为主体、自然保护区为基础、各类自然公园为补充的自然保护地体系，为保护栖息地、改善生态环境质量和维护国家生态安全奠定基础。

森林和草原在防风固沙，以及重要水源地、完整生态系统、动植物资源和物种自然基因保护等方面发挥了重要作用，是维护生态安全的关键和基础。

森林和草原是防风固沙的屏障。截至 2020 年底，三北防护林工程 40 多年累计完成营造林保存面积达 3174.29 万公顷，工程区森林覆盖率由 5.05% 提高到 13.84%，45% 以上的可治理沙化土地面积得到初步治理，45.59% 以上的农田实现林网化，61% 以上的水土流失面积得到有效控制。如果把森林比作立体生态屏障，那草原就是水平生态屏障。草原植被增加了下垫面的粗糙程度，降低了近地表风速，从而减少风蚀作用的强度。研究表明，随草原植被覆盖度的增加，风蚀模数下降，当植被盖度达 70% 时，只有 6 级强风才可引起风蚀。

森林和草原是重要水源涵养区。我国长江、黄河、澜沧江、怒江、雅鲁藏布江等重要大江大河源头大多是由森林和草原草甸组成的。位于世界屋脊的青藏高原草原区，是世界上河流发育最多的区域，被誉为“亚洲水塔”，该区域湖泊星罗棋布，总面积超过 3 万平方公里，约占全国湖泊总面积的 46%，黄河水量的 80%、长江水量的 30% 来源于此。东北河流水量的 50% 以上直接来源于草原地区。我国 90% 以上的冰川也分布在草原地区。

森林和草原是生态系统和动植物资源的保护地。森林为地球上 6 万多种不同树木、80% 的两栖类、75% 的鸟类和 65% 的哺乳动物提供了家园。我国是世界上生物多样性最丰富的国家之一，涵盖了世界上几乎所有生态系统类型。截至 2021 年，我国共有 5 个国家公园、2676 个自然保护区、6514 个自然公园，约占陆域国土面积的 18%。我国自然保护区范围内，分布有 3500 多万公顷天然林和约 2000 万公顷天然湿地，保护着 90.5% 的陆地生态系统类型、85% 的野生动植物种类和 65% 的高等植物群落，保护了 300 多种重点保护的野生动物和 130 多种重点保护的野生植物。自然保护地已成为国家生态安全屏障的基本骨架和国家生态安全空间格局的重要节点。

森林和草原保护了生物物种自然基因库。中国是世界动植物遗传资源王国，约有 3.6 万多种高等植物，其中野生植物中有一半以上是中国特有的。在世界园林花卉中，中国所拥有的种类占世界总数的 60%~70%。中国已知有药用植物物种约 11118 种，占全世界药用植物的 40%。目前，这些种质资源和遗传资源在森林和草原中得到有效保护，我国已建成的 162 个植物园，收集保存了野生植物 2 万多种，建设 99 个国家级林木种质资源保存库，以及新疆、山东 2 个国家级林草种质资源设施保存库国家分库，保存林木种质资源 4.7 万份。建设 31 个药用植物种质资源保存圃和 2 个种质资源库，保存种子种苗 1.2 万多份。

云南松林计划烧除（黎建强　摄）

但是，森林草原火灾及外来有害生物（如松材线虫）入侵严重威胁森林资源安全和国家生物安全，必须强化防范风险意识，统筹发展与安全，时刻绷紧灾害防控这根弦。

六、在实现生态美百姓富方面

2005 年 8 月，时任浙江省委书记习近平同志在湖州安吉首次提出绿水青山就是金山银山的发展理念。2017 年 10 月，“必须树立和践行绿水青山就是金山银山的理念”被写进党的十九大报告；“增强绿水青山就是金山银山的意识”被写进新修订的《中国共产党章程》之中。绿水青山就是金山银山的理念已成为我们党的重要执政理念之一，深入理解其科学内涵具有重要的理论和现实意义。

江西油茶硕果累累（江西省林业局 供图）

2021 年 4 月 30 日，习近平总书记在主持十九届中共中央政治局第二十九次集体学习时强调：“生态环境保护和经济发展是辩证统一、相辅相成的，建设生态文明、推动绿色低碳循环发展，不仅可以满足人民日益增长的优美生态环境需要，而且可以推动实现更高质量、更有效率、更加公平、更可持续、更为安全的发展，走出一条生产发展、生活富裕、生态良好的文明发展道路。”

习近平总书记反复强调，绿水青山就是金山银山，要积极探索推广绿水青山转化为金山银山的路径，建立健全生态产品价值实现机制。

2019 年 9 月 17 日，习近平

总书记在河南省光山县司马光油茶园考察时强调，利用荒山推广油茶种植，既促进了群众就近就业，带动了群众脱贫致富，又改善了生态环境，一举多得。要坚持走绿色发展的路子，推广新技术，发展深加工，把油茶业做优做大，努力实现经济发展、农民增收、生态良好。习近平总书记对油茶产业的关心和重视，让我们备受鼓舞和振奋。当前，林草产业在保供给、促增收方面还有较大差距，绿水青山难以转化为金山银山。为此，一是要大力发展油茶等木本油料产业，合理安排油茶林用地，加强对油茶大省的政策支持；加大品种改良、低产林改造力度，进一步提高单产。二是要重点支持竹产业、花卉、种苗及林下经济发展，抓好广西、江西等地现代林业产业示范省建设，培育一批知名品牌，提升产业竞争力。三是要积极探索林草生态产品价值实现机制，加大重点地区生态补偿力度，增加国家公园公益岗位，开展林草碳汇交易试点等措施，持续推进生态美百姓富。

七、在应对气候变化方面

2020 年 9 月，习近平总书记在第七十五届联合国大会上向世界发出庄严承诺：我国碳排放力争于 2030 年前达到峰值，努力争取 2060 年前实现碳中和。2021 年，中共中央、国务院印发《关于完整准确全面贯彻新发展理念做好碳达峰碳中和工作的意见》，国务院印发《2030 年前碳达峰行动方案》，明确提出持续巩固提升碳汇能力的重大任务，部署碳汇能力巩固提升行动。2022 年 5 月，习近平在主持召开中的央财经委员会第九次会议上强调，要提升生态碳汇能力，强化国土空间规划和用途管控，有效发挥森林、草原、湿地、海洋、土壤、冻土的固碳作用，提升生态系统碳汇增量。

实现碳达峰碳中和是我国积极应对全球气候变化的庄严承诺，也是统筹经济社会发展与生态文明建设的重大战略。森林、草原、湿地等陆地生态系统具有强大的碳汇功能和作用，成为实现“双碳”目标的重要路径。国家林业和草原局认真落实党中央、国务院决策部署，制定了《实现 2030 年森林蓄积量目标实施方案》，与相关部门共同编制《生态系统碳汇能力巩固提升的实施方案（2021—2030 年）》，组织开展了林草碳中和战略研究及全国林草碳储量和碳汇量测算，准确掌握全国林草碳汇情况。同时，我们也要看到，我国总体上仍然是一个缺林少绿、生态脆弱的国家，发展林草碳汇面临森林面积增加难度加大、森林质量亟待提高、林草资源保护压力大、林产品供需矛盾突出等一系列挑战。

我们将持续巩固提升林草碳汇能力，全力助推“双碳”战略目标实现。一是认真落实《全国重要生态系统生态保护和修复重大工程总体规划（2021—2035 年）》和《“十四五”林业草原保护发展规划纲要》确定的国土绿化目标任务，推进以国家公园为主体的自然保护地体系建设，开展全民义务植树，建设国家储备林，通过多种形式增绿增汇。二是实施森林质量精准提升工程，调整优化林分结构，增加混交林比例，推行以增强碳汇能力为目的的森林经营模式。加强中幼林抚育和退化林修复，加大人工林改造力度，倡导多功能森林经营，持续提高森林生态系统质量和稳定性。三是全面保护森林、草原、泥炭湿地及沙区植被，加强森林草原防火和有害生物防治，严厉打击破坏林草资源的违法行为，减少毁林毁草毁湿和土地沙化造成的碳排放。四是开展能源林培育改造，加强科技攻关，扶持龙头企业，推进林业生物质能源发展。定向培育利用优质木竹资源，提升木竹材料质量和稳定性，拓展木竹在建筑领域的应用。五是完善林草碳汇计量监测体系，积极参与全国碳排放权交易，探索建立林草碳汇自愿减排交易制度，加快推进林草碳汇交易。完善林草生态产品价值核算评估体系，丰富绿色生态金融产品，建立林草碳汇多元化投入机制。

八、在加强科技支撑方面

党的十八大以来，习近平总书记就科技创新作出一系列重要论述，提出了“科技是国之利器”“创新是引领发展的第一动力”等重大论断，把创新驱动作为国策，摆在了国家发展全局的核心位置；要求坚定不移走中国特色自主创新道路，在关键领域、“卡脖子”地方下功夫，瞄准世界科技前沿和顶尖水平，抓住大趋势，下好先手棋，打好主动仗，抢占事关长远和全局的战略制高点，把创新主动权牢牢掌握在自己手中；要求深入推动科技创新和经济社会发展深度融合，全面深化科技体制改革，加快建设现代化经济体系；强调“发展是第一要务，人才是第一资源，创新是第一动力”“创新驱动实质上是人才驱动”；确定“坚持面向世界科技前沿、面向经济主战场、面向国家重大需求、面向人民生命健康”的“四个面向”战略方向；作出实施创新驱动发展战略的重大决策；确立加快建设创新型国家和世界科技强国“三步走”的战略目标和任务。习近平总书记意味深长地提出警诫，“我们迎来了世界新一轮科技革命和产业变革同我国转变发展方式的历史性交汇期，既面临着千载难逢的历史机遇，又面临着差距拉大的严峻挑战。我们必须清醒认识到，有的历史性交汇期可能产生同频共振，有的历史性交汇期也可能擦肩而过”。这些重要论述和要求，立意高远，内涵丰富，思想深刻，是对科技工作的深刻认识和把握，进一步明确了我国科技事业发展的总体定位、战略要求和根本任务，为科技创新提供了根本遵循和行动指南。当前，林业科技进步贡献率只有 58%，草原科技进步贡献率更低，户外林草机械化率不足 15%，重大标志性成果更是缺乏，与其他行业的差距十分明显。我们必须认真学习贯彻习近平总书记关于科技创新的重要论述，积极作为，奋起直追，努力实现后发赶超。

2021 年 8 月 27 日，习近平总书记在河北省塞罕坝机械林场考察时指出，要加强林业科研，推动林业高质量发展。国家林业和草原局认真学习贯彻习近平总书记指示精神，对加强林草科技支撑提出具体要求。一是要创新林草科技体制机制，改革科研管理机制，推行科技攻关项目“揭榜挂帅”，强化成果转化应用。二是要主动参与国家重大专项，将林草需求纳入攻关项目；尽快建立国家级草种专业研究机构，争取设立草种国家重点研发计划专项。三是要支持林科院深化编制体制、绩效工资、职称评聘等改革，积极引进高端科技人才、优秀团队，营造引得来、留得住的良好氛围。

九、在重点领域改革方面

“始终牢记改革只有进行时、没有完成时。”这是习近平总书记在十九届中央深改领导小组第一次会议上指出的。此前，“改革只有进行时、没有完成时”的论述已广为人知，此次加上“始终牢记”四个字，进一步彰显出党的十九大继续推进全面深化改革的坚定决心。

我们要坚持正确改革方向，尊重群众首创精神，积极稳妥推进集体林权制度创新，探索完善生态产品价值实现机制；国有林区和国有林场改革要守住保生态、保民生两条底线。国有林区、国有林场、集体林改三项改革虽然取得了阶段性成果，但仍有许多瓶颈问题有待破解，特别是与基层需求、百姓期盼存在较大差距。一是要继续深化集体林权制度改革，既要把握改革正确方向，又要尊重群众首创精神，其核心是要做好“三权分置”这篇文章，以稳定承包权、放活经营权带动规模化经营。改革过程中，既要守住不能把林子改没了改少了、不能借机违规建别墅和高尔夫球场的底线，又要积极探索生态产品价值实现机制，尽力为农民增收提供多元化政策支持。二是要继续深化国有林区改革，处理好改革与稳定、保护与发展之间的关系，进一步完善国有林区管理体制、生态补偿机制，坚决反对“等靠要”思想，切实增强内生发展动力。三是要继续深化国有林场改革，探索建立与经营活动收入挂钩的薪酬分配制度，完善职工绩效考核激励机制，推动国有林场种苗产业发展，落实森林经营方案，提高森林资源质量，增强林场发展活力和效益。

第二章

林业草原国家公园融合发展的时代要求

第一节 “五位一体”总体布局的战略需求

一、“五位一体”总体布局及内涵

党的十八大把生态文明建设提到与经济建设、政治建设、文化建设、社会建设并列的位置，提出“要坚持以经济建设为中心，以科学发展为主题，全面推进经济建设、政治建设、文化建设、社会建设、生态文明建设，实现以人为本、全面协调可持续的科学发展”。党的十九大明确“五位一体”总体布局是习近平新时代中国特色社会主义思想的重要内容。统筹推进经济建设、政治建设、文化建设、社会建设、生态文明建设“五位一体”总体布局是新时期发展的重大战略部署。

“五位一体”的构成，是一个相互联系相互促进的有机整体。必须全面理解经济、政治、文化、社会和生态文明建设之间的内在联系，从全局层面领会每一方面建设的重大内涵。坚持以经济建设为中心，在经济不断发展的基础上，统筹推进政治建设、文化建设、社会建设、生态文明建设以及其他各方面建设。各方面建设全面推进、协调发展，才能形成经济富裕、政治民主、文化繁荣、社会公平、生态良好的发展格局。

一是贯彻新发展理念，建设现代化经济体系。坚定不移把发展作为党执政兴国的第一要务，坚持解放和发展社会生产力，坚持社会主义市场经济改革方向，推动经济持续健康发展。党的十九大报告指出，中国经济已由高速增长阶段转向高质量发展阶段，正处在转变发展方式、优化经济结构、转换增长动力的攻关期，建设现代化经济体系是跨越关口的迫切要求和中国发展的战略目标。必须坚持质量第一、效益优先，以供给侧结构性改革为主线，推动经济发展质量变革、效率变革、动力变革，提高全要素生产率，着力加快建设实体经济、科技创新、现代金融、人力资源协同发展的产业体系，着力构建市场机制有效、微观主体有活力、宏观调控有度的经济体制，不断增强中国经济创新力和竞争力。具体要求是：深化供给侧结构性改革；加快建设创新型国家；实施乡村振兴战略；实施区域协调发展战略；加快完善社会主义市场经济体制；推动形成全面开放新格局。

二是健全人民当家作主制度体系，发展社会主义民主政治。发展社会主义民主政治就是要体现人民意志、保障人民权益、激发人民创造活力，用制度体系保证人民当家作主。党的十九大报告指出，中国特色社会主义政治发展道路，是近代以来中国人民长期奋斗历史逻辑、理论逻辑、实践逻辑的必然结果，是坚持党的本质属性、践行党的根本宗旨的必然要求。不能生搬硬套外国政治制度模式。要长期坚持、不断发展中国社会主义民主政治，积极稳妥推进政治体制改革，推进社会主义民主政治制度化、规范化、程序化，保证人民依法通过各种途径和形式管理国家事务，管理经济文化事业，管理社会事务，巩固和发展生动活泼、安定团结的政治局面。具体要求是：坚持党的领导、人民当家作主、依法治国有机统一；加强人民当家作主制度保障；发挥社会主义协商民主重要作用；深化依法治国实践；深化机构和行政体制改革；巩固和发展爱国统一战线。

三是坚定文化自信，推动社会主义文化繁荣兴盛。坚持中国特色社会主义文化发展道路，激发全民族文化创新创造活力，建设社会主义文化强国。党的十九大报告指出，发展中国特色社会主义文化，就是以马克思主义为指导，坚守中华文化立场，立足当代中国现实，结合当今时代条件，发展面向现代化、面向世界、面向未来的，民族的科学的大众的社会主义文化，推动社会主义精神文明和物质文明协调发展。要坚持为人民服务、为社会主义服务，坚持百花齐放、百家争鸣，坚持创造性转化、创新性发展，不断铸就中华文化新辉煌。具体要求是：牢牢掌握意识形态工作领导权；培育和践行社会主义核心价值观；加强思想道德建设；繁荣发展社会主义文艺；推动文化事业和文化产业发展。

四是提高保障和改善民生水平，加强和创新社会治理。始终把人民利益摆在至高无上的地位，让改革发展成果更多更公平惠及全体人民，朝着实现全体人民共同富裕不断迈进。党的十九大报告指出，保障和改善民生要抓住人民最关心最直接最现实的利益问题，既尽力而为，又量力而行，一件事情接着一件事情办，一年接着一年干。坚持人人尽责、人人享有，坚守底线、突出重点、完善制度、引导预期，完善公共服务体系，保障群众基本生活，不断满足人民日益增长的美好生活需要，不断促进社会公平正义，形成有效的社会治理、良好的社会秩序，使人民获得感、幸福感、安全感更加充实、更有保障、更可持续。具体要求是：优先发展教育事业；提高就业质量和人民收入水平；加强社会保障体系建设；坚决打赢脱贫攻坚战；实施健康中国战略；打造共建共治共享的社会治理格局；有效维护国家安全。

五是加快生态文明体制改革，建设美丽中国。党的十九大报告指出，我们要建设的现代化是人与自然和谐共生的现代化，既要创造更多物质财富和精神财富以满足人民日益增长的美好生活需要，也要提供更多优质生态产品以满足人民日益增长的优美生态环境需要。必须坚持节约优先、保护优先、自然恢复为主的方针，形成节约资源和保护环境的空间格局、产业结构、生产方式、生活方式，还自然以宁静、和谐、美丽。具体要求是：推进绿色发展；着力解决突出环境问题；加大生态系统保护力度；改革生态环境监管体制。

二、生态文明建设在“五位一体”总体布局中的地位

习近平在主持十八届中央政治局第六次集体学习时指出：“党的十八大把生态文明建设纳入中国特色社会主义事业五位一体总体布局，明确提出大力推进生态文明建设，努力建设美丽中国，实现中华民族永续发展。这标志着我们对中国特色社会主义规律认识的进一步深化，表明了我们加强生态文明建设的坚定意志和坚强决心。”换言之，中国特色社会主义事业的发展离不开生态文明建设的持续推进，而准确把握生态文明建设在“五位一体”总体布局中的地位是持续推进生态文明建设的前提。

（一）生态文明建设在“五位一体”总体布局中具有相对独立性

“五位一体”总体布局特指中国共产党为了实现中华民族的伟大复兴和共产主义的远大理想，从整体上对中国特色社会主义事业内部各要素进行系统规划和宏观安排，其中主要包含经济、政治、文化、社会、生态等各方面的内容。

从理论逻辑来说，“五位一体”总体布局的提出是对马克思主义社会有机体理论的继承和践行。人类社会发展的两个方面，即人与人交往所形成的经济、政治、文化、社会等方面的发展和人与自然互动所形成的生态文明的发展都表明：在人类社会有机体中，生态文明建设具有相对独立的地位，这种独立性彰显的是生态文明建设与其他“四大建设”总体的差异。这种总体差异性体现在生态文明建设强调的是人与自然之间的关系问题，而其他“四

大建设”更关注人与人之间的关系。正是基于对马克思主义社会有机体中生态文明相对独立性的理解，习近平总书记一方面强调，“中国特色社会主义道路，既坚持以经济建设为中心，又全面推进经济建设、政治建设、文化建设、社会建设、生态文明建设以及其他各方面建设”，指出了生态文明建设与其他“四大建设”是一个有机整体，缺一不可；另一方面又强调，要尽力补上生态文明建设这块短板，阐释了生态文明建设相对于其他“四大建设”而具有的相对独立性。

（二）生态文明建设在“五位一体”总体布局中处于基础性地位

从马克思对于社会有机体理论的论述可以看到生态文明建设更加强调人与自然之间的关系，而就人与自然的关系来看，马克思指出：“人的肉体生活和精神生活同自然界相联系”“人是自然界的一部分”，强调了人与自然界的共生关系。人与自然的共生关系决定了人类社会的发展也是自然历史发展的过程，进而揭示了人与自然和谐发展对人类文明发展的重要作用。资本主义所创造的文明由于资本主义特有的生产方式以及资本增殖的内在逻辑会导致人与自然之间处于敌对状态，人与自然的矛盾不断激化，进而产生生态危机。伴随资本在全球范围内的扩张，生态危机逐渐成为整个人类社会发展的危机。因此，习近平总书记多次强调生态文明关乎中华民族的未来和中华民族的永续发展。换言之，人与自然关系的失调所导致的生态危机使得人类文明正在衰退，甚至消失。由此可见，在马克思和恩格斯看来，人与自然互动中所形成的生态文明是人与人互动中形成的经济、政治、文化等文明的基础，前者是维持后者发展的基本条件。

（三）生态文明建设的相对独立性与基础性统一是“五位一体”总体布局的必然要求

中国特色社会主义事业总体布局是一个开放和发展的体系，其发展经历了由“三位一体”到“四位一体”再到“五位一体”的过程。这一发展过程蕴含着两大理念：一是人民性。中国特色社会主义事业总体布局的转变从根本上是为了促进人的全面发展。经济发展、政治进步、文化繁荣，但是人与自然之间的关系恶化了，人民生活质量下降了，那么经济、政治和文化的发展毫无意义。二是协调性。只有经济的发展，而没有其他方面的发展，就不是全面和协调的发展；只有经济、政治、文化的发展，而没有改善人民生活，没有创造人民生活的良好社会生态环境，社会不稳定，这也不是社会全面和协调发展。因此，“五位一体”的总体布局本质上是为了人的全面发展和社会的全面进步。

“五位一体”总体布局蕴含的人民性和协调性决定了“五位一体”总体布局中的各项建设必须协调发展，不能存在任何短板。但是从实践的过程中来看，习近平总书记指出，我们“面对资源约束趋紧、环境污染严重、生态系统退化的严峻形势”。在中国特色社会主义发展的过程中，“生态文明建设就是突出短板”，这意味着首先要在认识上重视生态文明的独特地位，不能把生态文明视为经济文明、政治文明以及其他各类文明的附属物，忽视生态文明建设在人类文明发展中的作用，而要在“五位一体”总体布局中把生态文明建设放到突出位置。由此可见，强调生态文明建设的相对独立性并不是要让生态文明建设脱离中国特色社会主义的总体布局，而是基于“五位一体”总体布局协调发展所面临困境的必然结果。

同时，推动“五位一体”总体布局不仅要认识到生态文明建设在“五位一体”总体布局中的相对独立性，还需要看到生态文明建设是一种基础性的存在。正如前文所述，这种基础性的作用是由生态文明建设在整个人类文明发展中的地位所决定的。既然生态文明建设在“五位一体”总体布局中是基础性的存在，那么也就意味着生态文明建设中的某些特质能够成为经济、政治、文化和社会建设的“公约数”。对于这一“公约数”，习近平总书记作出了明确的回答，他强调“自然是生命之母，人与自然是生命共同体”。“人与自然是生命共同体”的理念作为习近平生态文明思想的核心理念告诉我们：“生态环境是人类生存最为基础的条件，是我国持续发展最为重要的基础。”正因为如此，习近平总书记指出，“要把生态文明建设融入经济、政治、文化、社会建设各方面和全过程”。这里的“融入”不仅是一种实践操作层面上的融入，更重要的是把“人与自然生命共同体”的理念融入其他“四大建设”中去，着力打造绿色经济、生态政治、先进文化、和谐社会。

三、以生态文明建设目标和制度体系统筹推进“五位一体”总体布局

党的十八大后，以习近平同志为核心的党中央把生态文明建设作为统筹推进“五位一体”总体布局和协调推进“四个全面”战略布局的重要内容，以绿水青山就是金山银山理念为先导，推动我国生态环境保护发生历史性、

转折性、全局性变化。良好生态环境是最普惠的民生福祉。多年持续快速发展积累下来的环境问题在某些地方、某些领域进入高强度频发阶段，这不仅是关系党的使命宗旨的重大政治问题，也是关系民生的重大社会问题。建设生态文明，重在建章立制，用最严格的制度、最严密的法治保护生态环境。2013 年 11 月，党的十八届三中全会将“生态文明体制改革”纳入全面深化改革的目标体系，提出紧紧围绕建设美丽中国深化生态文明体制改革，加快建立生态文明制度，健全国土空间开发、资源节约利用、生态环境保护的体制机制，推动形成人与自然和谐发展现代化建设新格局。2015 年，中共中央、国务院先后印发《关于加快推进生态文明建设的意见》和《生态文明体制改革总体方案》，从总体目标、基本理念、主要原则、重点任务、制度保障等方面对生态文明建设进行全面系统部署安排，要求到 2020 年构建起产权清晰、多元参与、激励约束并重、系统完整的生态文明制度体系。在这些顶层设计指引下，生态文明制度建设全面展开并不断向纵深推进，取得一系列重大突破。推进生态文明建设离不开对生态环境有力的监管。党的十八大后，一些严重破坏生态环境事件受到严肃查处。党中央明确生态环境保护实行党政同责、一岗双责，严格落实领导干部生态文明建设责任制。2015 年至 2020 年，开展两轮中央生态环境保护督察，对解决突出生态环境问题、促进经济高质量发展等方面发挥了关键作用。被称为“史上最严”的新环保法从 2015 年开始实施，在打击环境违法犯罪方面力度空前。2015 年至 2020 年，全国实施生态环境行政处罚案件 93.06 万件，罚款金额 578.64 亿元。从保护到修复，牢固树立保护生态环境就是保护生产力、改善生态环境就是发展生产力的理念，着力补齐生态短板。“十三五”期末，我国森林覆盖率达到 23.04%，森林蓄积量达到 175.6 亿立方米，草原综合植被盖度达到 56.1%，湿地保护率达到 52%，国家公园体制试点任务完成，自然保护地整合优化稳步推进，新增世界自然遗产 4 项，世界地质公园 8 处，300 多种濒危野生动植物种群数量稳中有升，五年治理沙化土地 1000 万公顷。

在生态文明建设深入推进的实践中，一是国土空间开发保护制度和空间规划体系不断健全。落实主体功能区规划，严格按照主体功能区定位推动发展，进一步优化国土空间开发格局。2015 年 8 月，国务院印发《全国海洋主体功能区规划》，我国主体功能区战略实现陆域国土空间和海域国土空间的全覆盖。二是坚持山水林田湖草是一个生命共同体，全面加大生态系统保护力度。通过采取全面停止天然林商业性采伐、实施沙化土地封禁保护区试点、加大退耕还林还草退牧还草工程力度、全面停止新增围填海、推进大规模国土绿化等一系列重要举措，森林、草原、湿地等重要生态功能区得到休养生息。全国江河湖泊全面推行河长制湖长制。推动实现生态保护补偿对重点领域和重要区域全覆盖，补偿水平同经济社会发展状况相适应，探索开展跨地区、跨流域补偿试点，生态损害者赔偿、受益者付费、保护者得到合理补偿的运行机制正在形成。三是积极参与全球环境与气候治理。我国率先发布《中国落实2030年可持续发展议程国别方案》，实施《国家应对气候变化规划（2014—2020年）》。2015年12月，中国积极推动联合国气候变化巴黎大会达成《巴黎协定》这一历史性文件。在2016年二十国集团领导人杭州峰会期间，习近平代表中国政府正式向联合国交存了《巴黎协定》批准文书。中国积极履行生物多样性保护国际义务，为全球环境治理作出持续努力。中国关于生态文明建设的理念和战略，得到国际社会的广泛认可。

生态环境问题，归根结底是发展方式和生活方式问题。“十三五”期间，绿色发展方式加快形成。实行资源总量和强度双控制度，严守水资源红线，严控新增建设用地规模；推动能源生产和消费革命，能源结构调整不断加快，中国已经成为世界利用新能源和可再生能源第一大国。全面节约资源有效推进，能源资源消耗强度大幅下降。大幅提高生态环保标准，倒逼传统产业改造升级，持续化解环境污染重、资源消耗大、达标无望的落后与过剩产能，加快发展节能环保产业和循环经济。通过发展绿色信贷、绿色债券、绿色保险等绿色金融产品，开展碳排放权、排污权交易等试点，更多社会资本被引导投入绿色产业，重大环保基础设施建设、生态保护与修复工程、美丽乡村建设等成为投资热点。伴随着绿色发展方式的不断推进，绿色生活方式日益成为人们的普遍共识和共同追求。党中央倡导简约适度、绿色低碳的生活方式，反对奢侈浪费和不合理消费，引导形成文明健康的生活风尚。绿色产品和服务供给不断增加，共享经济、服务租赁、二手交易等新业态蓬勃发展，节能环保再生产品受到消费者青睐，“光盘行动”、低碳出行等倡议得到全社会积极响应。在国民教育和培训体系中，珍惜生态、保护资源、爱护环境等内容大为加强。全党全国贯彻绿色发展理念的自觉性和主动性显著增强，忽视生态环境保护的状况明显改变。

第二节　生态文明建设的基础要求

一、生态文明建设的总体要求

党的十八以来，以习近平同志为核心的党中央对生态文明建设高度重视，在中国面临着资源约束趋紧、生态系统退化等问题时，提出了新理念新思想新战略，确立了生态文明建设在“五位一体”中的地位，并逐步探索出了我国生态文明建设的指导思想，确立了生态文明建设的六大原则，明晰了建设美丽中国的主要目标，按照“五位一体”的总体布局扎实推进生态文明建设。

（一）生态文明建设的指导思想

2015 年，中共中央、国务院印发《关于加快推进生态文明建设的意见》，明确指出我国生态文明建设的指导思想是：以邓小平理论、“三个代表”重要思想、科学发展观为指导，全面贯彻党的十八大和十八届二中、三中、四中全会精神，深入贯彻习近平总书记系列重要讲话精神，认真落实党中央、国务院的决策部署，坚持以人为本、依法推进，坚持节约资源和保护环境的基本国策，把生态文明建设放在突出的战略位置，融入经济建设、政治建设、文化建设、社会建设各方面和全过程，协同推进新型工业化、信息化、城镇化、农业现代化和绿色化，以健全生态文明制度体系为重点，优化国土空间开发格局，全面促进资源节约利用，加大自然生态系统和环境保护力度，大力推进绿色发展、循环发展、低碳发展，弘扬生态文化，倡导绿色生活，加快建设美丽中国，使蓝天常在、青山常在、绿水常在，实现中华民族永续发展。

党的十九大和十九大通过的新《党章》明确将习近平新时代中国特色社会主义思想确立为全党工作的指导思想，并且十九大报告对“加快生态文明体制改革，建设美丽中国”作出新的部署。

（二）生态文明建设的基本原则

一是坚持人与自然和谐共生，坚持节约优先、保护优先、自然恢复为主的方针。像保护眼睛一样保护生态环境，像对待生命一样对待生态环境，让自然生态美景永驻人间，还自然以宁静、和谐、美丽。人类唯有尊重自然、顺应自然、保护自然，才能为自身以及子孙后代赢得宝贵的生存空间。

二是绿水青山就是金山银山，贯彻创新、协调、绿色、开放、共享的发展理念。加快形成节约资源和保护环境的空间格局、产业结构、生产方式、生活方式，给自然生态留下休养生息的时间和空间。要加快划定并严守生态保护红线、环境质量底线、资源利用上线三条红线。习近平指出："正确处理好生态环境保护与发展的关系，也就是我说的绿水青山和金山银山的关系，是实现可持续发展的内在要求，也是我们推进现代化建设的重大原则。"

三是良好生态环境是最普惠的民生福祉，坚持生态惠民、生态利民、生态为民，重点解决损害群众健康的突出环境问题，不断满足人民日益增长的优美生态环境需要。环境就是民生，青山就是美丽，蓝天也是幸福。建设生态文明，关系人民福祉，关乎民族未来。补齐生态文明建设短板，提供更多优质生态产品满足人民日益增长的对优美生态环境的需要，是全面建成小康社会的要求，也是习近平生态文明思想需要一以贯之的宗旨精神。

四是山水林田湖草是生命共同体，要统筹兼顾、整体施策、多措并举，全方位、全地域、全过程开展生态文明建设。"山水林田湖草是一个生命共同体"作为一种生态系统论命题，从价值基础上重置了人与自然关系的伦理前提，在对自然界的整体认知和人与生态环境关系的处理上为我们提供了重要的理论遵循，是实现绿色发展，建设生态文明的重要方法论指导，蕴含着重要的生态价值，是中国特色生态文明建设的理论内核之一。

五是用最严格制度最严密法治保护生态环境，要加快制度创新，增加制度供给，完善制度配置，强化制度执行，让制度成为刚性的约束和不可触碰的高压线。加快推进环境保护制度的健全，是加快推进环境保护、建设生态文明的必然要求。生态文明制度是生态文明建设的制度保证，是生态环境保护制度规范建设的积极成果。

六是共谋全球生态文明建设，要深度参与全球环境治理，增强我国在全球环境治理体系中的话语权和影响力，积极引导国际秩序变革方向，形成世界环境保护和可持续发展的解决方案，引导应对气候变化国际合作。"保护生态环境，应对气候变化，维护能源资源安全，是全球面临的共同挑战。中国将继续承担应尽的国际义务，同世界各国深入开展生态文明领域的交流合作，推动成果分享，携手共建生态良好的地球美好家园。"随着"一带一路"的推进，"共谋全球生态文明建设"原则越来越呈现出中国是负责任的发展中大国形象，也体现出我国作为全球生态文明建设的积极重要参与者、贡献者、引领者的作用。

（三）生态文明建设的主要目标

党的十九大报告和2018年召开的全国生态环境保护大会提出了社会主义现代化建设和生态文明建设同步推进的两个阶段性目标：一是到二〇三五年基本实现社会主义现代化，生态环境根本好转，美丽中国目标基本实现；二是到本世纪中叶，物质文明、政治文明、精神文明、社会文明、生态文明全面提升，绿色发展方式和生活方式全面形成，人与自然和谐共生，生态环境领域国家治理体系和治理能力现代化全面实现，建成美丽中国。

（四）生态文明建设的根本路径

建设生态文明，应把其放到现代化建设全局的突出位置，融入经济建设、政治建设、文化建设、社会建设的各方面和全过程。

1. 生态文明融入经济建设

人的生活必须要依赖于物质基础，绿色物质生活成为新时代人们对美好生活的新追求。要满足人民对美好物质生活的需要，必须处理好生态保护与经济发展的关系，兼顾经济效益和生态效益。

首先，坚持绿水青山就是金山银山的发展理念，决不能以牺牲生态环境为代价换取经济的一时发展。其次，要在发展中保护，在保护中发展。绿色价值观下，“两山论”体现的就是生态文明的社会形态，“绿水青山”是自然，“金山银山”是发展，二者之间源源不断持续转换。要创新发展思路和发展手段，让绿水青山充分发挥经济社会效益，关键是要树立正确的发展思路，因地制宜选择好发展产业。要转变发展方式，实现生产方式、生活方式的绿色化，优化经济结构，构建科技含量高、资源消耗低、环境污染少的产业结构。同时加大绿色供给，用供给侧结构性改革推动我国的绿色发展。

2. 生态文明融入政治建设

生态文明融入政治建设，就是从生态的角度出发，让政治建设有利于生态效益的实现。要形成生态保护的新体制和机制，对现有体制和制度进行优化整合，让生态文明体制更加健全。

首先，要加强生态文明建设的总体设计和组织领导。按照党的十九大报告中指出的，“设立国有自然资源资产管理和自然生态监管机构，完善生态环境管理制度，统一行使全民所有自然资源资产所有者职责，统一行使所有国土空间用途管制和生态保护修复职责，统一行使监管城乡各类污染排放和行政执法职责”。其次，要树立绿色政绩观，摒弃向环境要效益的短视思想、主动发力带头破解生态环境诸多问题，把各项工作落实到人，让行为追责和后果追责相结合。最后，要深化体制机制创新。要继续完善经济社会发展考核评价体系，建立生态环境损害责任终身追究制，坚持依法依规、客观公正、科学认定、权责一致、终身追究的原则，完善资源有偿使用与生态补偿制度等。

3. 生态文明融入文化建设

生态经济学家莱斯特·R. 布朗认为，工业文明的经济是“自我毁灭的经济”。对于环境危机、生态恶化的问题绝不能单纯地、抽象地从自然的因素中去寻找原因，而必须从人自身来寻找原因，即生态文化的缺失。因此，解决当下的环境危机，必须要在价值观上实现变革，在全社会大力培育社会主义生态文化，把生态文明融入文化建设之中。

第一，应大力普及生态知识，培养公众广泛的生态意识，使人们对生态环境的保护转化为自觉的行动，为生态文明的发展奠定坚实的基础。第二，应倡导生态消费，培养正确的消费理念，使人们明确奢侈、浪费观念的危害性，自觉控制自己的行为，合理节制自己的欲望。第三，应发展绿色文化事业和产业，创建绿色文化馆、绿色文化服务设施、低碳公共活动场所；扩展从事绿色文化生产、提供绿色文化服务的经营性行业，发展新型绿色文化产业，如视觉创意、动漫游戏等。

4. 生态文明融入社会建设

把生态文明融入社会建设，就是要营造多元主体参与的治理新模式，让人们在积极参与生态文明建设、保护生态环境的同时，共享生态文明建设和保护生态环境的成果。

第一，政府应发挥好主导作用。必须重视政府在生态文明建设中的重要地位，依靠政府的主导作用让生态文明理念深入人心，指导经济、政治、文化和社会建设。政府各部门应落实各自职责，为生产生活方式的绿色化创造便利条件。第二，应发挥好企业的主体作用，强化其社会责任和环境责任，做到从源头上减少污染。第三，要充分发挥环保组织的力量。绿色环保组织、公益组织以及生态志愿者、环保倡议者已经覆盖了经济社会生活的方方面面，他们在生态文明建设中的地位和作用不容小觑。党和政府应给予高度重视，通过环保组织的力量提升公众环保意识、促进环保活动的开展、提供法律援助与维权、推动环保合作交流及政府企业监督等。第四，要积极引导公众参与生态文明建设。社会公众兼具多种社会角色，既是污染物的排放者，也是环境保护的参与者；既是政府和企业的监督者，也是生态文明建设成果全民共享的受益者。因此，要培养公众的社会参与意识，拓宽公众参与的渠道，建立行之有效的公众参与机制。

二、生态文明建设的基本任务

生态文明既是人与自然和谐共生、良性循环的一种文明状态，也是一个建设过程。生态文明建设的实质就是要从我国基本国情和社会发展阶段的基本特征出发，树立和践行绿水青山就是金山银山的理念，以资源环境承载力为基础、以自然规律为准则、以可持续发展为目标，推动形成人与自然和谐发展现代化建设新格局，建设美丽中国，建设社会主义和谐社会和资源节约型、环境友好型社会。

总的来说，我国生态文明建设的基本任务是：

（一）优化国土空间开发格局，统筹城乡一体化发展

国土是中华民族繁衍生息、永续发展的家园，也是生态文明建设的空间载体。城市是人类文明的标志，是生产和消费集中地。城镇化是人的聚集过程、产业结构的优化过程、消费品的升级过程。满足市民吃饭需求要大量农田长庄稼；满足居民生活需求要供电、供气、供水；满足宜居环境需求要处理处置工业和生活废物……这些构成了城市“生态足迹”。随着城镇化由量的扩张走向质的提高，必须转变发展方式。今天的发展不能以破坏环境为代价，还要为未来发展奠定基础、创造条件。

根据资源环境承载能力构建科学合理的城镇布局，严格控制特大城市规模，增强中小城市承载力，促进大中小城市和小城镇协调发展。合理规划城市功能分区，合理布局生产生活生态空间，统筹推进生产、生活、生态融合共生，减少对自然生态系统的干扰；保护自然景观，保持特色风貌，传承历史文化，防止“千城一面”。按照人口资源环境相均衡、经济社会生态效益相统一原则，构建科学的城市化格局、农业发展格局、生态安全格局、海岸线格局，实现生产空间节约高效，生活空间宜居适度，生态空间山清水秀。加

重庆大巴山国家级自然保护区（重庆市林业局 供图）

强海洋资源科学开发和环境保护，对于我们拓展发展空间、维护国家海洋权益意义重大。

坚持以人为本、绿色低碳发展原则，推动城市由单中心向多中心延展，城乡建设由规划变得快、功能分区乱、形象工程多、使用寿命短向规划适度超前、功能分区合理、设施配套齐全、建筑物经久耐用转变。要实现国民经济、城乡建设、土地利用、环境保护等的“多规合一”，形成一个地区一个规划、一张蓝图，而且要“一张蓝图干到底”。

提高基础设施建设水平。发展绿色建筑，尽可能利用自然通风采光，限制不节能的“形象工程”。应修订建筑物使用寿命标准，在不影响居民生活的前提下，尽可能降低建筑物能耗和温室气体排放强度。加快建设绿色低碳交通体系。建设以轨道交通为干线、公共汽车为衔接、自行车和人行道相配套的道路体系，实行交通运输现代化、智能化、科学化管理，减少运输工具的空驶率；推广新能源汽车，鼓励公众选择城铁（地铁）、公共汽车、共享单车等高效利用能源和交通资源、少排放污染物、有益健康的出行方式。

加强城市环境管理。加大地下综合廊道建设力度，减少“拉链马路”现象；建设雨污分流、雨水利用系统，建成“海绵城市”；尽可能将建筑物与自然景观融为一体，为居民留下逛街、购物、娱乐、锻炼空间；提高环保设施建设、运行和管理水平。建设数字城市，发展新一代通信网络、物联网、大数据、云计算、人工智能、工业互联网等信息技术产业。维护城乡规划的权威性和严肃性，坚持“一张蓝图干到底”，还自然以和谐、宁静、美丽。

加快美丽乡村建设。制定并实施乡村振兴战略，并将特色小镇、田园综合体等丰富多彩的形态加以集成。大力发展农业循环经济，推广种—养—加、猪—果—沼等模式，提升农产品质量和附加值。推广农村垃圾户分类、村收集、镇运输、县处理运作模式；利用生态措施治理农村分散污水。加强农村饮用水工程、公路、沼气、电网和危房改造等项工作。在文化、教育、医疗卫生和社会保障等方面，建立公共财政保障的基本制度框架，并逐步纳入城镇社会保障体系和住房保障体系；推动资金、技术、人才等要素进入农村，培育乡村振兴的“永久牌”带头人，促进农村劳动力转移就业，形成以工带农、以城带乡的协调发展格局。

（二）以创新驱动和结构调整为抓手，促进高质量绿色发展

以实体经济为重点，以绿色、协调、开放、共享为内涵，以创新为驱动力，以满足群众日益增长的美好生活需要为目标，以要素投入少、资源配置效率高、资源环境成本低、经济社会效益好为特征，推动高质量发展。工业发展创造了满足居民衣食住行需求的供应，城镇化创造了经济发展需求；以尽可能少的资源能源消耗和污染物排放完成工业化和城镇化的历史任务，是我国不得不经历的发展阶段，也是迈向绿色发展、高质量发展、经济社会可持续发展的必由之路。

科学技术是经济提质增效、加快生态文明建设的重要驱动力。一是深化科技体制改革，建立符合生态文明建设领域科研活动特点的管理制度和运行机制，释放改革红利，激发不同创新主体的积极性和创造性。二是开展科技

攻关。加强能源节约、资源循环利用、新能源开发、污染防治、生态修复等领域关键技术攻关，在基础研究和前沿技术研发方面取得新突破。强化企业技术创新主体地位，充分发挥市场对绿色发展方向和技术路线选择的决定性作用。加强生态文明基础研究、试验研发、工程应用和市场服务等科技人才队伍建设。三是完善创新体系，提高综合集成创新能力，加强工艺创新与试验，形成以企业为主体、产学研用一体的国家创新体系。完善科技创新成果转化机制，促进科技成果转化。

发展绿色产业，本质是产业结构调整和转型升级，不仅能顺应国际潮流，也能缓解资源环境约束。

一要推进供给侧结构性改革，调整经济结构、产品结构、能源结构，化解产能严重过剩矛盾。要开展生态设计，在生产和消费过程中，推进减材、去毒、降碳。依靠科技进步和创新驱动，采用先进适用节能低碳环保技术改造提升传统产业，严禁核准产能严重过剩行业新增产能；实施品牌战略，提高产品科技含量和附加值；大力发展生产性服务业，禁止落后产能向中西部地区转移带来污染转移。推动传统能源安全绿色开发和清洁低碳利用，发展清洁能源、可再生能源，提高非化石能源在能源消费中的比重。

二要推动战略性新兴产业健康发展。培育壮大节能环保产业、清洁生产产业、清洁能源产业，实现生态产业化；尽可能降低单位产品的资源重量和污染物排放强度。规范节能环保市场，加快核电、风电、光伏发电等新材料、新装备的研发和推广，发展分布式能源，建设智能电网，加快发展新能源汽车等，多渠道引导社会资金投入，加强配套基础设施建设和推广普及力度。鼓励优势产业走出去，提升参与国际分工的水平。

三要大力发展有机农业、生态农业，保障食品安全。以乡村振兴战略实施为总抓手，以农业农村可持续发展为基础，发展特色农业，延伸价值链，推动种养加融合，推动一二三产业协同发展，形成“一村一品”发展格局，把中国人的饭碗牢牢端在自己的手中，实现农业强、农村美、农民富的有机统一。发展木材培育、木本粮油和特色经济林、森林旅游、林下经济、竹产业、花卉苗木、沙产业等。创建森林城市、森林乡镇、森林村庄；大力发展森林公园、湿地公园和自然保护区，让公路线、铁路线变成绿化线、风景线；建设绿色矿山，让越来越多的矿区变成绿色矿区、生态矿区、美丽矿区。

优化产业布局可以收到节能减排之效。工业园区是产业集聚空间，驱动

塞罕坝红松洼风力发电（胡增峣 摄）

力是靠近原料（如矿产富集区的资源型城市）、靠近市场或靠近企业（即企业“扎堆”），以降低运输成本或进行配套生产。企业集群可以是自发的（如浙江义乌的小商品市场和“前店后厂”），也可能是规划的。一些地方的工业园区，圈了地、建了厂房，就是没有生产线，需要盘活。

对那些“生态环境好、经济欠发达”的地区而言，必须在自然资源承载力和生态容量内发展经济，在发展中保护，在保护中发展，发展富民的旅游产业，形成新业态。大力发展生态旅游，让游人形成“除了照片什么也不要带走，除了脚印什么也不要留下”的好习惯。利用林区负氧离子多、一些地区好山好水多等资源特点，积极发展养生、养老等产业。发展林下经济，开发有机农业和生态产品，延伸产业链，提高产品附加值，使民生得到不断改善。

（三）促进资源节约循环高效使用，推动利用方式根本转变

土地、水、能源、矿产、森林、海洋等自然资源是生态文明建设的物质

菌中皇后——长裙竹荪（费世民 供图）

基础。节约资源是保护生态环境的根本之策。坚持节约优先、保护优先、自然恢复为主原则，是推进生态文明建设的基本政策和根本方针，也是制定经济社会政策、编制各类规划、推动各项工作必须遵循的基本原则和根本遵循。要推进全社会节能减排，大力节约集约利用资源，推动资源利用方式根本转变；在生产、流通、消费各环节大力发展循环经济，推动各类资源节约高效利用，以尽可能少的资源能源消耗和污染物排放支撑经济社会持续健康发展。

加强资源节约。节约集约利用水、土地、矿产等自然资源，加强全过程节约管理，大幅降低资源消耗强度。一是建设节水型社会。实施国家节水行动，加强用水需求管理，实现用水总量和强度“双控制”，抑制不合理用水需求。推广使用高效节水技术、设备、工艺和产品，使用高效节能设备，发展节水农业；加强城市节水，控制管网“跑冒滴漏”，推进企业节水改造；开发利用再生水、矿井水、空中云水、海水等非常规水源，提高水资源安全保障水平。二是集约用地。加强土地利用规划管控、市场调节、标准控制和考核监管，严格土地用途管制，推广应用节地技术和模式。三是矿产资源节约。开展共伴生矿综合开发，促进矿产资源高效利用，以资源的可持续利用支撑经济社会的可持续发展。

推进节能减排。节能减排是生态文明建设的主战场、主阵地，要发挥节能与减排的协同效应，盯住重点企业、实施重大工程、加强监督管理，全面推动工业、建筑、交通运输、公共机构、农业农村等领域节能减排。一是工业领域。开展重点用能单位节能低碳行动，实施重点产业能效提升计划。二是建筑领域。严格执行建筑节能标准，加快推进既有建筑节能和供热计量改造，大力推广可再生能源在建筑上的应用，鼓励建筑工业化等建设模式。三是交通领域。优先发展公共交通，推广节能与新能源交通运输装备，发展甩挂运输。

发展循环经济。要按照减量化、再利用、资源化原则，建立循环型工业、农业、服务业产业体系，实现生产系统和生活系统内部和之间的循环链接。一是在采矿中对共生矿、伴生矿等进行综合开发，最大限度地把废物转为可利用的资源；重视产品的循环，尽可能使产品经久耐用；重视服务的延伸，通过设备、仓储等的共享提高资源效率。二是完善回收体系。开发利用电子废弃物等“城市矿产”，推进秸秆等农林废弃物、建筑垃圾、餐厨废弃物资源化利用；实行垃圾分类回收，发展再制造和再生利用产品，鼓励纺织品、汽车轮胎等废旧物品回收利用。加快发展互联网＋废物回收，加强“两网融合”，大幅降低废弃物回收成本。三是推进煤矸石、矿渣等大宗固废的综合利用，利用煤矸石发电和生产建材产品。四是组织开展循环经济示范行动，大力推广循环经济典型模式，推进产业循环式组合，促进生产和生活系统的循环链接，构建覆盖全社会的循环利用体系，实现“四倍跃进”乃至更高跃进。

（四）加大生态建设和环境保护力度，切实改善生态环境质量

党的十八大以来，以习近平同志为核心的党中央，统筹推进“五位一体”总体布局和协调推进“四个全面”战略布局，全力推进大气、水、土壤污染防治，污染治理力度之大、制度出台频度之密、监管执法尺度之严、环境质量改善速度之快，前所未有。

生态文明“四梁八柱”制度逐步筑牢。党的十八大以来，党中央、国务院印发了《关于加快推进生态文明建设的意见》《生态文明体制改革总体方案》，成为生态文明建设的基本遵循。法规不断完善，《中华人民共和国环境保护法》《中华人民共和国大气污染防治法》《放射性废物安全管理条例》等完成制修订，增加按日连续计罚等规定。生态保护红线战略开始实施，生态文明建设目标评价考核办法颁布；河长制、湖长制、湾长制及林长制相继推出，为每一条河、每一个湖、每个海湾及每一片林明确了“管家”。生态环境损害责任追究办法出台，以破解生态环境的“公地悲剧”。全社会法治观念和意识不断加强，忽视环境保护的倾向得到扭转。

习近平总书记在 2018 年 5 月的全国生态环境保护大会上指出，我国生态环境质量持续好转，出现了稳中向好趋势，但成效并不稳固。生态文明建设正处于压力叠加、负重前行的关键期，已进入提供更多优质生态产品以满足人民日益增长的优美生态环境需要的攻坚期，也到了有条件有能力解决生态环境突出问题的窗口期。

当前，我国多领域、多类型、多层面的环境问题累积叠加，传统煤烟型污染与臭氧、细颗粒物（$PM_{2.5}$）、挥发性有机物等新老环境问题并存，生产与生活、城市与农村、工业与交通污染交织，污染治理进入边际效应递减的阶段。劳动密集、污染密集型企业向中西部、城乡接合部、农村转移，出现东部地区环境治理取得成效、中西部地区开始恶化，城市环境治理取得成效、乡村污染加剧的趋势；梯度发展格局，也加大了统筹治理环境污染难度。

2018 年，中共中央、国务院印发《关于全面加强生态环境保护 坚决打好污染防治攻坚战的意见》，提出坚决打赢蓝天保卫战，着力打好碧水保卫战，扎实推进净土保卫战，并加快生态保护与修复，改革完善生态环境治理体系。

坚决打赢蓝天保卫战。实施打赢蓝天保卫战三年作战计划，明显降低细颗粒物 $PM_{2.5}$ 浓度，明显减少重污染天数，明显改善大气环境质量，明显增强人民的蓝天幸福感。重点防控污染因子是 $PM_{2.5}$；重点区域是京津冀及周边、长三角和汾渭平原，重中之重是北京市；重点时段是秋冬季和初春；重点行业和领域是钢铁、火电、建材等行业，“污染型”企业、散煤、柴油货车、扬尘治理等领域。以散煤清洁化替代为重点，优化能源结构；以公路转铁路和柴油货车治理为重点，优化运输结构；以绿化和扬尘综合整治为重点，优化用地结构。

着力打好碧水保卫战。深入实施新修改的水污染防治法，落实水污染防治行动计划。深入推进集中式饮用水水源保护区划定和规范化建设，打好城市黑臭水体歼灭战。重点落实长江经济带共抓大保护、不搞大开发，加强江河湖库和近岸海域水生态保护。全面整治农村环境，加强农业面源污染防治，使水变清。

扎实推进净土保卫战。以重金属污染突出区域农用地以及拟开发为居住和商业等公共设施的污染地块为重点，强化土壤污染风险管控，保障农产品质量和人居环境安全。强化固体废物污染防治，推进垃圾分类处置，实现固体废物等“洋垃圾”基本零进口。提高危险废物处置能力和相关机构规范化运营水平，实施危险废物收集运输处置全过程监管。

生态系统保护修复。一是建设形成以青藏高原、黄土高原—川滇、东北森林带、北方防沙带、南方丘陵山地带、近岸近海生态区以及大江大河重要水系为骨架，以其他重点生态功能区为重要支撑，以禁止开发区域为重要组成的生态安全战略格局。二是实施重大生态修复工程。扩大森林、湖泊、湿地面积，提高沙区、草原植被覆盖率。运用自然修复能力，建设和保护森林、湿地、草原等生态系统。推进防沙治沙、水土流失治理。加强水土保持，推进小流域综合治理。实施生物多样性保护工程，有效防范物种资源丧失和外来物种入侵。建立国家公园体制，对重要生态系统和物种资源实施强制性保护。三是贯彻山水林田湖草系统治理思想，加快水利工程建设，健全灾害预警和防治系统，减少各种自然灾害对人民生命财产造成损失。

将环保产业与循环经济有机结合起来。例如，可将城市污水处理—中水利用—污泥产生沼气等联系起来，也可将垃圾处理—餐厨垃圾资源化利用—河道清淤—生物质发电等产业联系起来，形成环保—新能源一体化的产业链，实现经济效益、社会效益和环境效益的有机统一。

积极应对全球气候变化。坚持当前长远相互兼顾、减缓适应全面推进，通过试点示范探索低碳发展道路，树立负责任大国形象。一是控制温室气体排放。通过优化能源结构，节约能源和提高能效，增加森林、草原、湿地、海洋碳汇等手段，有效控制二氧化碳、甲烷、氢氟碳化物、全氟化碳、六氟化硫等温室气体排放。二是提高适应能力。加强监测、预警和预防，提高农业、林业、水资源等重点领域和生态脆弱区适应气候变化的水平。三是推动低碳发展试点。推进低碳省区、城市、城镇、产业园区、社区试点，努力建设低碳型社会；推进全国碳市场的发展，降低降碳成本。四是参与国际谈判。积极建设性地参与应对气候变化国际谈判，推动建立公平合理的全球应对气候变化格局，携手共建生态良好的地球美好家园。

（五）加快制度建设，形成生态文明建设的良好社会风尚

制度是生态文明建设的保证。要增强政治责任感和历史使命感，坚持一切从实际出发，标本兼治、突出治本、攻坚克难，防止急功近利、做表面文章；充分发挥公众的积极性、主动性、创造性，凝聚民心、集中民智、汇集民力，实现生活方式绿色化，确保生态文明建设各项目标和任务的顺利完成。

建成政府、企业和公众参与的治理结构，实现生态环境治理能力现代化。政府应当创造一个人人守法、自觉治理污染和保护环境的社会氛围。加快建立健全以生态价值观念为准则的生态文化体系，开发生态文化产品，积极培育生态文化、生态道德，使生态文明成为社会主义核心价值观的重要内容，成为社会的主流价值观。

提高全民生态文明意识。大力开展生态文明宣传教育和培训，提高公众参与生态文明建设的能力。充分发挥新闻媒体作用，树立理性、积极的舆论导向。倡导绿色消费理念，树立和倡导简约适度、绿色低碳生活方式。开展反对浪费、厉行节约行动。开展节约型机关、绿色家庭、绿色学校、绿色社区和绿色出行等行动。推动全民在衣、食、住、行、游等方面加快向勤俭节约、绿色低碳、文明健康的方式转变。

促进民间环保组织的健康发展，提升民间社会组织的积极作用，形成人人、事事、时时崇尚生态文明的社会氛围。

只有全社会的共同参与，只有人人都守土有责，把生态文明和可持续发展理念贯彻落实到每一个人的日常生活中，咬定目标不放松，就一定能实现天蓝地绿水清的环境目标，迈进生态文明的新时代；在建设资源节约型、环境友好型社会，迈向“两个百年”的进程中，实现中华民族伟大复兴“中国梦”！

纵览历史，从没有任何时候像现在这样，中国经历着最大规模、最为深刻的生态文明建设全方位变革。展望未来，生态文明建设的中国实践，不仅

蜀南竹海（张华 摄）

将不断满足人民日益增长的优美生态环境需要，还将以美丽中国的生动画卷，为中华民族永续发展完成奠基，以生态文明建设的中国经验，为人类现代化进程提供新范例和新参照。

第三节 开启现代化建设新征程的内在要求

促进人与自然和谐共生，建设人与自然和谐共生的现代化，是党的二十大报告中赋予中国式现代化的本质要求和基本特征。回顾中国式现代化百年征程，对照党的二十大报告，在百年中国共产党伟大的、波澜壮阔的历史征程中，在“中国式现代化”历史演进中，继工业现代化、农业现代化、国防现代化、科学技术现代化之后，习近平总书记首次提出了“人与自然和谐共生的现代化”。不单如此，在党的二十大，习近平总书记又赋予以人与自然和谐共生的现代化为全面推进中华民族伟大复兴贡献生态智慧的历史使命。至此，中国式现代化之路既波澜壮阔、行稳致远，又肩负光荣使命，勇担历史重任。

“努力建设人与自然和谐共生的现代化”，这主要讲述人与自然的关系问题，其实也是生态文明建设所要达到的战略目标，即彼岸。坚持人与自然和谐共生，是生态文明建设的基本原则。具体的历史的矛盾解决以后，人与自然的关系或者说两者的和谐程度就达到了新的高度。

一、从战略高度把握生态文明建设新的历史任务

党的二十大报告，就新时代我国的生态文明建设，在指出过去十年我国生态环境保护发生历史性、转折性、全局性变化，祖国天更蓝、山更绿、水更清的基础上，着眼到本世纪中叶把我国建成富强民主文明和谐美丽的社会主义现代化强国目标、总的战略安排，首次从战略高度明确了生态文明建设对于“以中国式现代化全面推进中华民族伟大复兴”而言的新的使命任务，明确了生态文明建设对于“全面建设社会主义现代化国家内在要求”而言的新的时代意义。可以说，“两个明确”相较于党的十八大首次将生态文明建设

纳入“五位一体”中国特色社会主义总体布局，是就生态文明建设在建设社会主义现代化强国、实现中华民族伟大复兴历史愿景中战略地位的再强化、再升华，意义非常重大。

（一）生态文明建设是以中国式现代化全面推进中华民族伟大复兴的基本特征和本质要求

实现社会主义现代化和中华民族伟大复兴，是新时代坚持和发展中国特色社会主义的战略性、根本性任务。怎样实现社会主义现代化？实现什么样的社会主义现代化？党的二十大报告中指出：中国式现代化是人口规模巨大的现代化，是全体人民共同富裕的现代化，是物质文明和精神文明相协调的现代化，是人与自然和谐共生的现代化，是走和平发展道路的现代化。党的二十大报告关于中国式现代化基本特征的重要论述，确定了“中国式现代化”十分鲜明的特征。对这五个特征，我们可以进行结构分析：人与人，人与社会，物质与精神，人与自然，国家与世界。总之这就是人类文明的新形态。中国式现代化的本质要求是：坚持中国共产党领导，坚持中国特色社会主义，实现高质量发展，发展全过程人民民主，丰富人民精神世界，实现全体人民共同富裕，促进人与自然和谐共生，推动构建人类命运共同体，创造人类文明新形态。

回望历史，中国共产党的诞生，以一种革命斗争的方式铲除阻碍中国走向现代化的反动统治，揭开了中华民族迈向现代化道路的历史序幕。早在1945年，毛泽东在党的七大所作《论联合政府》的报告中便明确提出：“不但是为着建立新民主主义的国家而斗争，而且是为着中国的工业化和农业近代化而斗争。”1954年9月，一届全国人大一次会议明确提出要实现“工业、农业、交通运输业和国防的四个现代化的任务”。1978年，党的十一届三中全会提出把党和国家工作重点转移到社会主义现代化建设上来，开启了我国改革开放和社会主义现代化建设的新时期。自此以后，从党的十三大把“建设社会主义现代化国家”纳入党在社会主义初级阶段基本路线始，直至党的十七大强调继续全面建设小康社会、加快推进社会主义现代化，建设社会主义现代化国家始终是历次党代会的重大课题。

党的十八大以来，在以习近平同志为核心的党中央的坚强领导下，我们党在建党一百周年伟大的历史性时刻，宣布在中华大地上全面建成了小康社会，历史性地解决了绝对贫困问题。正如党的二十大报告所指出，十年来，我们经历了对党和人民事业具有重大现实意义和深远历史意义的三件大事：一是迎来中国共产党成立一百周年，二是中国特色社会主义进入新时代，三是完成脱贫攻坚、全面建成小康社会的历史任务，实现第一个百年奋斗目标。这也就是说，中华民族在迎来了从站起来、富起来到强起来的伟大飞跃历史进程中，实现中华民族伟大复兴进入了不可逆转的历史进程。新的历史进程，根本目标就是全面建成社会主义现代化强国，实现中华民族伟大复兴。

如何全面推进中华民族伟大复兴，就是以中国式现代化全面推进中华民族伟大复兴。这是我们党继习近平总书记在庆祝中国共产党成立100周年大会上的讲话，在党的十九届六中全会上明确提出中国式现代化道路、人类文明新形态重大历史范畴之后，首次在党的全国代表大会上阐明了中国式现代化道路与实现中华民族伟大复兴之间的内在逻辑。这即是，中国式现代化是我们党团结和领导全国人民实现第二个百年奋斗目标、实现中华民族伟大复兴的基本路径、基本方略；实现中华民族伟大复兴，必然伴随中国式现代化道路的大道之行、乘风破浪。也可以说，没有中国共产党，就不可能推进社会主义现代化建设，就没有中国式现代化。

人与自然的关系是人类社会最基本的关系。马克思主义认为，人靠自然界生活。人类在同自然的互动中生产、生活、发展。中华文明强调要把天地人统一起来，按照大自然规律活动，取之有时，用之有度。习近平总书记指出："绿色发展，就其要义来讲，是要解决好人与自然和谐共生问题。"以往，由于人类对自然界的认识有限，无节制地破坏自然，结果受到了大自然的报复。"人因自然而生，人与自然是一种共生关系，对自然的伤害最终会伤及人类自身。只有尊重自然规律，才能有效防止在开发利用自然上走弯路。"

因此，党中央要求，"坚持人与自然和谐共生。保护自然就是保护人类，建设生态文明就是造福人类。必须尊重自然、顺应自然、保护自然，像保护眼睛一样保护生态环境，像对待生命一样对待生态环境，推动形成人与自然和谐发展现代化建设新格局，还自然以宁静、和谐、美丽。""坚定不移走生产发展、生活富裕、生态良好的文明发展道路，建设人与自然和谐共生的现代化，建设望得见山、看得见水、记得住乡愁的美丽中国。"

习近平总书记对生态文明建设的美好前景作了更清晰、更朴实的描绘，通过坚定推进绿色发展，"让老百姓呼吸上新鲜的空气、喝上干净的水、吃上放心的食物、生活在宜居的环境中、切实感受到经济发展带来的实实在在的环境效益，让中华大地天更蓝、山更绿、水更清、环境更优美，走向生态文明新时代。”后来，他又说，坚持人与自然和谐共生，推进生态文明建设，“共建美丽中国，让人民群众在绿水青山中共享自然之美、生命之美、生活之美，走出一条生产发展、生活富裕、生态良好的文明发展道路。”在全国生态环境保护大会上，他又进一步指出：“要通过加快构建生态文明体系，使我国经济发展质量和效益显著提升，确保到2035年……生态环境领域国家治理体系和治理能力现代化基本实现，美丽中国目标基本实现。到本世纪中叶，……人与自然和谐共生，生态环境领域国家治理体系和治理能力现代化全面实现，建成美丽中国。”在2021年4月30日中央政治局集体学习时，习近平总书记又指出：“建设生态文明、推动绿色低碳发展，不仅可以满足人民日益增长的优美生态环境需要，而且可以推动实现更高质量、更有效率、更加公平、更可持续、更为安全的发展……形成节约资源和保护环境的空间格局、产业结构、生产方式、生活方式……促进生态环境持续改善，努力建设人与自然和谐共生的现代化。”这就是说，“建成人与自然和谐共生的现代化美丽中国”正是习近平总书记所描绘的生态文明建设远期目标和壮丽图景。

人与自然和谐共生的现代化，彰显了对生态文明价值的追求和实现美丽中国的美好愿景。建设人与自然和谐共生的现代化，是美丽中国建设的本质要求。实现人与自然和谐共生，建成美丽中国，就是打造绿水青山的生态环境，让大自然呈现出应有的美丽景象，实现天蓝、地绿、水清，让人民群众生活在健康、安全、舒适、宜人的环境之中。实现人与自然和谐共生的现代化，是习近平生态文明思想的目标指向，体现了中国共产党对保护生态环境的责任和担当。

人与自然和谐共生是全人类面临的共同课题，加强国际合作是应对全球性生态问题的必然选择。习近平顺应全球生态治理的客观要求，倡议“携手共建生态良好的地球美好家园”“坚持绿色低碳，建设一个清洁美丽的世界”“共建全球生态文明建设之路”等。可见习近平的生态文明思想已经超越民族、国家和意识形态等范畴，上升到“地球家园”“清洁美丽的世界”的人类高度。

生态文明建设关乎人类未来，地球上的物质资源必然越用越少，大量耗费物质资源的传统发展方式显然难以为继。只有探索人与自然和谐共生之路，促进经济发展与生态保护协调统一，才能守护好这颗蓝色星球。建设全球生态文明需要各国齐心协力，共同促进绿色、低碳、可持续发展。必须秉持人类命运共同体理念，同舟共济、共同努力，构筑尊崇自然、绿色发展的生态体系，需要在全球环境治理的诸多领域，如应对气候变化、污染防治、生物多样性保护、化学品管理、荒漠化防治等领域，发挥更大的参与、贡献和引领作用，为实现全球可持续发展、建设清洁美丽世界贡献中国智慧、中国方案和中国力量。

（二）新的时代意义：全面建设社会主义现代化国家的内在要求

党的十八大报告指出：面对资源约束趋紧、环境污染严重、生态系统退化的严峻形势，必须树立尊重自然、顺应自然、保护自然的生态文明理念，把生态文明建设放在突出地位。党的二十大报告中指出：尊重自然、顺应自然、保护自然，是全面建设社会主义现代化国家的内在要求。必须牢固树立和践行绿水青山就是金山银山的理念，站在人与自然和谐共生的高度谋划发展。统筹把握、辩证阐释党的十八大和党的二十大关于“尊重自然、顺应自然、保护自然”理念和主张所蕴含的时代背景、历史使命，可以说，党的十八大所要求的“尊重自然、顺应自然、保护自然”，问题之源在于彼时我国资源、环境和生态环境的严峻形势。也正是在这个意义上，我们才能够深切体会以习近平同志为核心的党中央在党的十八大以来十年间如何坚决打赢污染防治攻坚战，又如何实现了“使祖国天更蓝、山更绿、水更清”。现在，站在新的历史征程中，“尊重自然、顺应自然、保护自然”的生态文明理念发生了巨大的时代性变化，要求必须着眼社会主义现代化强国建设、着眼实现中华民族伟大复兴的使命，持续推动生态文明建设迈上历史新台阶。

回望历史，中国共产党建党百年以来，团结带领中国人民，在新民主主义革命、社会主义革命和建设、改革开放和社会主义现代化建设、新时代中国特色社会主义建设各个时期，都把人与自然关系作为马克思主义革命党、执政党重要的理念、思想和方法以及治国理政、执政为民的重要方略。百年来，一代又一代中国共产党人关于生态文明建设的探求、认知和实践，既是马克思主义基本原理与中国具体实际相结合的产物，同时也是马克思主义基本原理同中华优秀传统文化相结合的产物。在“两个结合”的伟大实践中，我们把生态文明纳入中国特色社会主义总体布局，推动物质文明、政治文明、精神文明、社会文明、生态文明协调发展，创造了中国式现代化新道路，创造了人类文明新形态。特别是作为我国生态文明建设根本思想的遵循，习近平生态文明思想高度凝聚、吸收、传承和创新中华传统生态智慧和马克思主义自然辩证法，使中华传统优秀生态智慧和马克思主义人与自然观在21世纪实现创新性发展，为建设人与自然和谐共生的现代化，为党的二十大提出的从二〇二〇年到二〇三五年基本实现社会主义现代化，从二〇三五年到本世纪中叶把我国建成富强民主文明和谐美丽的社会主义现代化强国，再次贡献了东方生态智慧，作出了历史性贡献。

生态兴则文明兴。党的二十大报告再次明确了新时代我国生态文明建设的战略任务，总基调就是推动绿色发展，促进人与自然和谐共生。习近平总书记指出：我们要推进美丽中国建设，坚持山水林田湖草沙一体化保护和系统治理，统筹产业结构调整、污染治理、生态保护、应对气候变化，协同推进降碳、减污、扩绿、增长，推进生态优先、节约集约、绿色低碳发展。这意味着，进入新时代，生态文明建设既是我们党孜孜以求的实现人与自然和谐共生现代化的憧憬和梦想，也是我们党继在十八大首次将生态文明纳入“五位一体”中国特色社会主义总体布局之后，从全面推动美丽中国建设出发，所要实现的事关社会生产方式、发展方式、价值理念、制度体系全方位立体化全过程全地域绿色转型的“绿色革命”。

可以预见，由中国共产党所开辟的社会主义生态文明新时代，在以中国式现代化道路全面推进中华民族伟大复兴新的历史征程、新的历史起点上，在党的第二十次全国代表大会上，我们党提出建设人与自然和谐共生的现代化、促进人与自然和谐共生，建设美丽中国，积极应对全球气候变化，这将是中国生态文明建设的一个新起点，一个新的转折。

（三）进一步加强生态文明建设

党的二十大报告指出：我们对新时代党和国家事业发展作出科学完整的战略部署，提出实现中华民族伟大复兴的中国梦，以中国式现代化推进中华民族伟大复兴，统揽伟大斗争、伟大工程、伟大事业、伟大梦想，明确“五位一体”总体布局和“四个全面”战略布局，确定稳中求进工作总基调，统筹发展和安全，明确我国社会主要矛盾是人民日益增长的美好生活需要和不平衡不充分的发展之间的矛盾，并紧紧围绕这个社会主要矛盾推进各项工作，不断丰富和发展人类文明新形态。

当前，我国进入新发展阶段，开启全面建设社会主义现代化国家新征程。深入贯彻新发展理念，加快构建新发展格局，推动高质量发展，创造高品质生活，都对加强生态文明建设提出了新任务新要求。

新形势下加强生态文明建设是建设人与自然和谐共生现代化的必然要求。习近平总书记指出，我国建设社会主义现代化具有许多重要特征，其中之一就是我国现代化是人与自然和谐共生的现代化，注重同步推进物质文明建设和生态文明建设。从理论和实践层面进一步丰富和拓展了现代化的内涵与外延。生态兴则文明兴，生态衰则文明衰。人类发展活动必须尊重自然、顺应自然、保护自然，否则就会遭到大自然的报复，这个规律谁也无法抗拒。我国作为 14 亿多人口的大国，环境容量有限、生态系统脆弱是我国的基本国情，要整体迈入现代化社会，高消耗、高污染的模式是行不通的，资源环境的压力不可承受。必须站在人与自然和谐共生的高度来谋划经济社会发展，像保护眼睛一样保护生态环境，像对待生命一样对待生态环境，坚定走生产发展、生活富裕、生态良好的文明发展道路。

新形势下加强生态文明建设是满足人民群众对美好生活向往的必然要求。习近平总书记指出，当前，我国生态文明建设仍然面临诸多矛盾和挑战，生态环境稳中向好的基础还不稳固，从量变到质变的拐点还没有到来，生态环境质量同人民群众对美好生活的期盼相比，同建设美丽中国的目标相比，同构建新发展格局、推动高质量发展、全面建设社会主义现代化国家的要求相比，都还有较大差距。良好生态环境是最公平的公共产品，是最普惠的民生福祉。随着我国社会主要矛盾发生变化，人民群众对优美生态环境的需要成为这一矛盾的重要方面。尤其是全面建成小康社会后，人民群众对优美生态环境的期望值更高，对生态环境问题的容忍度更低。生态环境修复和改善，是一个需要付出长期艰苦努力的过程，不可能一蹴而就。必须践行以人民为中心的发展思想，集中攻克老百姓身边的突出生态环境问题，持续改善生态环境质量，不断增强人民群众生态环境获得感、幸福感、安全感。

新形势下加强生态文明建设是推动高质量发展的必然要求。习近平总书记指出，生态环境保护和经济发展是辩证统一、相辅相成的，建设生态文明、推动绿色低碳循环发展，不仅可以满足人民日益增长的优美生态环境需要，而且可以推动实现更高质量、更有效率、更加公平、更可持续、更为安全的发展，走出一条生产发展、生活富裕、生态良好的文明发展道路。我国经济已由高速增长阶段转向高质量发展阶段。高质量发展是体现新发展理念的发展，是绿色发展成为普遍形态的发展。我国仍是发展中国家，尚在工业化、城镇化进程之中，产业结构和能源结构没有根本改变，实现碳达峰、碳中和任务艰巨，资源环境对发展的压力越来越大。必须完整、准确、全面贯彻新发展理念，保持加强生态文明建设的战略定力，促进经济社会发展全面绿色转型，推动经济发展质量变革、效率变革、动力变革，推动经济社会发展建立在资源高效利用和绿色低碳发展的基础之上。

新形势下加强生态文明建设是构建人类命运共同体的必然要求。习近平总书记强调，要积极推动全球可持续发展，秉持人类命运共同体理念，积极参与全球环境治理，为全球提供更多公共产品，展现我国负责任大国形象。近年来，气候变化、生物多样性丧失、荒漠化加剧、极端气候事件频发，给人类生存和发展带来严峻挑战。面对生态环境挑战，人类是一荣俱荣、一损俱损的命运共同体。作为负责任大国，我国建设生态文明，坚决摒弃损害甚至破坏生态环境的发展模式，在推动绿色发展中解决生态环境问题，是中国式现代化道路的重要内涵。这既是办好我们自己的事情，又为发展中国家改变传统发展路径提供了全新选择，为解决全球环境问题贡献了中国智慧、中国方案。必须充分发挥全球生态文明建设的重要参与者、贡献者、引领者作用，不断提升我国在全球环境治理体系中的话语权和影响力，推动实现更加强劲、绿色、健康的全球发展，共同建设清洁美丽的世界。

二、全面推进美丽中国建设

习近平总书记在党的二十大报告中作出“推动绿色发展，促进人与自然和谐共生”的重要决策部署，走好新的“赶考”之路，必须矢志不渝做习近平生态文明思想的坚定信仰者、忠实践行者和不懈奋斗者，锲而不舍、久久为功，朝着美丽中国建设的宏伟目标奋勇前进。

创建高颜值环境。良好生态环境是增进民生福祉的优先领域，是建设美丽中国的重要基础。习近平总书记强调，要像保护眼睛一样保护生态环境，像对待生命一样对待生态环境。新征程上，我们必须始终坚持精准治污、科学治污、依法治污，以更高标准深入打好污染防治攻坚战，推动污染防治在重点区域、重点领域、关键指标上实现新突破，实现生态环境质量高起点改善、高水平提升。持续深入打好蓝天、碧水、净土保卫战，加强细颗粒物和臭氧协同控制，统筹水资源、水环境、水生态治理，有效管控农用地和建设用地土壤污染风险，强化危险废物医疗废物收集处理，稳步推进“无废城市”建设。

打造高标准生态。优美的自然生态事关人民群众日益增长的生态环境需要，事关筑牢美丽中国建设的生态安全屏障。习近平总书记强调，人的命脉在田，田的命脉在水，水的命脉在山，山的命脉在土，土的命脉在林和草。新征程上，我们必须始终坚持系统观念，统筹山水林田湖草沙一体化保护和系统治理，深入推进生态保护和修复。加快构建以国家公园为主体的自然保护地体系，实施生物多样性保护重大工程，完善生物多样性保护网络。开展大规模国土绿化、森林质量提升等行动，着力提高生态系统自我修复能力，增强生态系统稳定性，促进自然生态系统质量的整体改善和生态产品供给能力的全面增强。

助推高质量发展。绿色发展是新发展理念的重要组成部分，是推进美丽中国建设的重大战略路径。习近平总书记强调，要走出一条经济发展和生态文明水平提高相辅相成、相得益彰的路子。新征程上，我们必须始终坚持把实现减污降碳协同增效作为促进经济社会发展全面绿色转型的总抓手，充分发挥生态环境保护的引领、优化和倒逼作用，更加突出以生态环境质量改善、二氧化碳达峰倒逼总量减排、源头减排、结构减排，推动产业结构、能源结构、交通运输结构、用地结构调整，坚决遏制高耗能、高排放、

美丽乡村——福建省宁德市福安市穆云畲族乡蟾溪村（赖启福 摄）

低水平项目盲目发展。扎实推进生态产品价值实现，深化绿色金融改革创新，培育绿色低碳发展新动能。

创造高品质生活。满足人民对良好生态环境的需要，是高品质生活的内涵之一，也是美丽中国建设的题中应有之义。习近平总书记强调，良好生态环境是最公平的公共产品，是最普惠的民生福祉。新征程上，我们必须始终坚持生态惠民、生态利民、生态为民，着力解决人民群众感受最直接、要求最迫切的突出环境问题，建设健康宜居美丽家园。把保护城市生态环境摆在更加突出的位置，处理好城市生产生活和生态环境保护的关系，实现生产空间集约高效、生活空间宜居适度、生态空间山清水秀。持续改善农村人居环境，打造绿色生态宜居美丽乡村。推动生态环保督察工作向纵深发展，为创造高品质生活保驾护航。

实施高效能治理。推进生态环境治理体系和治理能力现代化是美丽中国建设的基础支撑和有力保障。习近平总书记强调，要提高生态环境治理体系和治理能力现代化水平。新征程上，我们必须始终坚持深入推进生态文明体制改革，建立健全环境治理的领导责任体系、企业责任体系、全民行动体系、监管体系、市场体系、信用体系、法律法规政策体系，着力健全生态环境管理体制机制，严格落实生态环保责任，持续加强生态环境保护铁军建设。加快构建以排污许可制为核心的固定污染源执法监管体系，不断完善生态环境标准体系、生态环境保护综合执法体系，建立高质量生态环境监测监管网络。

三、全面开启人与自然和谐共生的现代化新征程

党的二十大报告在对党的第二个百年奋斗目标进行战略部署时强调："尊重自然、顺应自然、保护自然是全面建设社会主义现代化国家的内在要求。必须牢固树立和践行绿水青山就是金山银山的理念，站在人与自然和谐共生的高度谋求发展。"由此可见，经过十年来的努力奋斗，人与自然和谐共生已经成为中国社会经济可持续健康发展的独特优势，既符合中国式现代化建设的基本特征，又是推进中国式现代化建设奋斗征程的本质要求。

中国式现代化新道路，需要坚持以满足人民对美好生态需要为目标。百年来，中国共产党在团结带领广大人民群众为中华民族谋复兴的历史征程中，对生态环境保护与利用的客观规律的探索从未间断，在践行第二个百年奋斗的关键历史时期，更需要把握好生态环境保护与社会经济发展的关系，走好新时代中国特色生态文明建设道路，继续统筹推进"五位一体"总体布局，走出生态优先、节约集约、绿色低碳美丽中国道路，确保现代化建设既要让广大人民群众的物质财富更加富足，又要让广大人民群众望得见山、看得见水、闻得到花香、听得到鸟叫、记得住乡愁。

中国式现代化新道路，需要坚持以绿色发展理念为引领。当前我国生态

文明建设已经进入到以降碳为重点战略方向、以推进社会经济绿色转型为重要目标的历史关键期。这需要不断创新防污治污方式，持之以恒贯彻绿色发展理念，重视现代化建设新征程中环境资源要素承载力，尊重自然规律，实现经济效益、社会效益与生态效益的和谐共生，源源不断地把绿水青山转化为造福人民群众的金山银山，最大程度释放生态文明建设的巨大潜能，让生态文明建设成为社会经济前进发展的长效引擎，坚定不移走好新时代生态优先、绿色低碳发展的特色道路，在持续改善生态环境中释放生态文明建设的巨大力量。

中国式现代化新道路，需要坚持以完善法律法规建设为保障。当前我国生态文明建设正处于新的历史阶段，发展绿色低碳经济面临的问题和挑战也愈加复杂。这需要在推进中国式现代化建设的新征程中把完善生态法律法规建设放置于更加突出重要的战略地位，充分发挥好法律法规在政策引导、行为规范、组织执行等方面的独特优势。要逐步建立完善的法律法规体制机制，彻底解决生态环境保护中尚且存在的权责不清的痼疾，实现生态环境保护和监督职责清晰，责任可追溯，以法治为碧水蓝天保驾护航，全力推进生态环境治理体系和治理能力现代化，真正守住人民群众的绿水青山。

第三章

林业草原国家公园融合发展的举措和实践

在以习近平同志为核心的党中央坚强领导下，林草系统全面加强生态保护修复，着力推进国土绿化，着力提高森林质量，着力开展森林城市建设，着力建设国家公园，为建设生态文明、决战脱贫攻坚、决胜全面小康作出了重要贡献，进入林业草原国家公园“三位一体”融合发展新阶段。“十三五”规划主要任务全面完成，约束性指标顺利实现，生态状况明显改善。森林覆盖率达到23.04%，森林蓄积量达到175.6亿立方米，草原综合植被盖度达到56.1%，湿地保护率达到52%，治理沙化土地1000万公顷。主要体现在：

一是国土绿化成效显著。完成造林种草4987万公顷，森林面积和蓄积量连续30年保持“双增长”。三北防护林、天然林保护、退耕还林还草、退牧还草、京津风沙源治理等重点工程深入实施。义务植树广泛开展，新增国家森林城市98个。二是保护体系日益完善。国家公园体制试点任务完成，自然保护地整合优化稳步推进，新增世界自然遗产4项，世界地质公园8处，300多种濒危野生动植物种群数量稳中有升。全面停止天然林商业性采伐，1.3亿公顷天然乔木林得到休养生息。年均森林火灾受害率控制在0.9‰以下。完成《中华人民共和国森林法》《中华人民共和国野生动物保护法》修订。三是林草产业稳步壮大。总产值超过8万亿元，形成了经济林、木材加工、森林旅游3个年产值超万亿元的支柱产业。林产品生产、贸易居世界第一，林产品对外贸易额达到1600亿美元。生态扶贫成效显著，生态补偿、国土绿化、生态产业等举措带动2000多万贫困人口脱贫增收。选聘110.2万名建档立卡贫困人口成为生态护林员，组建2.3万个扶贫造林种草专业合作社，1600多万贫困人口受益油茶等生态产业。出台了《加快油茶产业发展三年行动方案》。四是改革开放持续深化。完成国有林区、国有林场改革任务，集体林权制度改革稳步推进，行政许可审批事项逐步减少。18项成果获国家科技进步奖二等奖。成功举办防治荒漠化公约第13次缔约方大会和《湿地公约》第十四届缔约方大会，以及2019年北京世界园艺博览会。

2022年，党的二十大顺利召开，会议绘就了中国式现代化的宏伟蓝图，吹响了百年大党奋进新征程的时代号角，开启了中华民族复兴图强的崭新篇章，在党和国家发展进程中具有划时代意义、里程碑意义。党的二十大报告作出了建设人与自然和谐共生的现代化的战略安排。

党的二十大报告指出，中国式现代化是人与自然和谐共生的现代化。坚持可持续发展，坚持节约优先、保护优先、自然恢复为主的方针，像保护眼睛一样保护自然和生态环境，坚定不移走生产发展、生活富裕、生态良好的文明发展道路，实现中华民族永续发展。报告在“推动绿色发展，促进人与自然和谐共生”这一部分专门作出系统部署。尊重自然、顺应自然、保护自然，是全面建设社会主义现代化国家的内在要求。必须牢固树立和践行绿水青山就是金山银山的理念，站在人与自然和谐共生的高度谋划发展。推进美丽中国建设，坚持山水林田湖草沙一体化保护和系统治理，统筹产业结构调整、污染治理、生态保护、应对气候变化，协同推进降碳、减污、扩绿、增长，推进生态优先、节约集约、绿色低碳发展。同时，报告提出了四个方面的重要任务，特别强调要提升生态系统多样性、稳定性、持续性和碳汇能力。以国家重点生态功能区、生态保护红线、自然保护地等为重点，加快实施重要生态系统保护和修复重大工程。推进以国家公园为主体的自然保护地体系建设。实施生物多样性保护重大工程。科学开展大规模国土绿化行动。深化集体林权制度改革。推行草原森林河流湖泊湿地休养生息。建立生态产品价值实现机制，完善生态保护补偿制度。加强生物安全管理，防治外来物种侵害。完善碳排放统计核算制度，健全碳排放权市场交易制度。提升生态系统碳汇能力。积极参与应对气候变化全球治理。

在 2022 年 12 月召开的中央经济工作会议、中央农村工作会议上，习近平总书记强调指出，要推动经济社会发展绿色转型，协同推进降碳、减污、扩绿、增长，建设美丽中国。要树立大食物观，构建多元食物供给体系，多途径开发食物来源。习近平总书记的重要指示批示，是对林草工作的关心、嘱托和期望，为我们指明了方向、确立了行动指南。

迈入新征程，林草系统要深入学习贯彻落实党的二十大精神和习近平总书记重要讲话指示批示精神，对标对表新部署新任务新要求，站在人与自然和谐共生的高度谋划和推进林草高质量发展。要矢志不渝夯实人与自然和谐共生的生态之本，着眼于中华民族永续发展，用心用力保护好祖国的一山一水、一草一木，提升“林、草、湿、沙”生态系统多样性、稳定性、持续性，为子孙后代留下珍贵的自然资产。要千方百计增进人与自然和谐共生的生态福祉，努力做大做强森林“四库”，充分发挥林草的多功能多效益，为人民群众美好生活提供更多的优质生态产品，打造更加优美舒适的生态家园。要守正创新构建人与自然和谐共生的制度体系，坚持破立并举、系统集成、协同高效，建立健全林草政策体系、法治体系、制度体系，不断提升林草治理体

群众压沙（八步沙林场　供图）

系和治理能力现代化水平。要接力奋斗传承人与自然和谐共生的林草精神，做好林草工作既要靠物质，又要靠精神，要大力弘扬塞罕坝精神、右玉精神、八步沙精神，用榜样感染人、以先进激励人，为推动新征程林草高质量发展增添强大动力。

林业草原国家公园融合发展要紧抓《中共中央关于制度国民经济和社会发展第十四个五年规划和二〇三五年远景目标的建议》和《中华人民共和国国民经济和社会发展第十四个五年规划和 2035 年远景目标纲要》要求提升生态系统质量和稳定性，促进人与自然和谐共生。立足新发展阶段，贯彻新发展理念，构建新发展格局给林草事业带来的发展机遇，统筹“十四五”林草业发展规划设计，提出了 2035 年远景目标：全国森林、草原、湿地、荒漠生态系统质量和稳定性全面提升、生态系统碳汇增量明显增加，林草对碳达峰碳中和贡献显著增强，建成以国家公园为主体的自然保护地体系，野生动植物及生物多样性保护显著增强，优质生态产品供给能力极大提升，国家生态安全屏障坚实牢固，生态环境根本好转，美丽中国建设目标基本实现。并提出“十四五”时期主要目标：到 2025 年，森林覆盖率达到 24.1%，森林蓄积量达到 190 亿立方米，草原综合植被盖度达到 57%，湿地保护率达到 55%，以国家公园为主体的自然保护地面积占陆域国土面积比例超过 18%，沙化土地治理面积 1 亿亩。

林业草原国家公园融合发展为确保目标的实现，必须以习近平新时代中国特色社会主义思想，尤其是习近平生态文明思想为根本遵循，以绿水青山就是金山银山理论为根本基调，以解决好生态保护和民生福祉为根本问题，贯彻新理念，构建新格局，推进绿色高质量发展；必须积极开展理论研究，没有理论则行不稳走不远；必须守正创新，在全面开启建成社会主义现代化强国的新征程中对接国家战略、借力融合智慧、创新发展路经，扎实推进和稳步落实。

第一节　重要生态系统保护和修复工程

习近平总书记指出："生态是统一的自然系统，是相互依存、紧密联系的有机链条。人的命脉在田，田的命脉在水，水的命脉在山，山的命脉在土，土的命脉在林和草，这个生命共同体是人类生存发展的物质基础。一定要算大账、算长远账、算整体账、算综合账，如果因小失大、顾此失彼，最终必然对生态环境造成系统性、长期性破坏。"

2017 年 5 月 26 日，习近平总书记在主持十八届中共中央政治局第四十一次集体学习时指出，要坚持保护优先、自然恢复为主，深入实施山水林田湖一体化生态保护和修复。要重点实施青藏高原、黄土高原、云贵高原、秦巴山脉、祁连山脉、大小兴安岭和长白山、南岭山地地区、京津冀水源涵养区、内蒙古高原、河西走廊、塔里木河流域、滇桂黔喀斯特地区等关系国家生态安全区域的生态修复工程，筑牢国家生态安全屏障。

2018 年 5 月 18 日，习近平总书记在全国生态环境保护大会上指出："要从系统工程和全局角度寻求新的治理之道，不能再是头痛医头、脚痛医脚，各管一摊、相互掣肘，而必须统筹兼顾、整体施策、多措并举，全方位、全地域、全过程开展生态文明建设。比如，治理好水污染、保护好水环境，就需要全面统筹左右岸、上下游、陆上水上、地表地下、河流海洋、水生态水资源、污染防治与生态保护，达到系统治理的最佳效果。”

我国幅员辽阔、海陆兼备，地貌类型和海域特征繁多，形成了森林、草原、荒漠、湿地与河湖、海洋等复杂多样的自然生态系统，孕育了丰富的生物多样性。党的十八大以来，以习近平同志为核心的党中央站在中华民族永续发展的战略高度，作出了加强生态文明建设的重大决策部署。在习近平生态文明思想指引下，各地区、各部门认真贯彻落实党中央、国务院决策部署，积极探索统筹山水林田湖草一体化保护和修复，持续推进各项重点生态工程建设。目前，我国生态环境质量呈现稳中向好趋势，各类自然生态系统恶化趋势基本得到遏制，稳定性逐步增强，重点生态工程区生态质量持续改善，国家重点生态功能区生态服务功能稳步提升，国家生态安全屏障骨架基本构筑。加强生态保护和修复对于推进生态文明建设、保障国家生态安全具有重要意义。根据党中央统一部署，“实施重要生态系统保护和修复重大工程，优化生态安全屏障体系”被列为落实党的十九大报告重要改革举措和中央全面深化改革委员会 2019 年工作要点，“加强生态系统保护修复”写入 2019 年《政府工作报告》。在全面分析全国自然生态系统状况及主要问题、与《全国生态保护与建设规划（2013—2020 年）》及正在推动的国土空间规划体系充分衔接的基础上，以“两屏三带”及大江大河重要水系为骨架的国家生态安全战略格局为基础，突出对国家重大战略的生态支撑，统筹考虑生态系统的完整性、地理单元的连续性和经济社会发展的可持续性，研究提出了到 2035 年推进森林、草原、荒漠、河流、湖泊、湿地、海洋等自然生态系统保护和修复工作的主要目标，以及统筹山水林田湖草一体化保护和修复的总体布局、重点任务、重大工程和政策举措。2020 年 6 月，国家发展改革委、自然资源部联合印发了《全国重要生态系统保护和修复重大工程总体规划（2021—2035 年）》（以下简称《规划》）。当前，我国生态保护和修复面临的形势如何？怎样保护和修复母亲河？ 2020 年 6 月 11 日，国家发展改革委会同自然资源部、国家林业和草原局举行新闻发布会，就热点问题进行了回应。

一、坚持保护优先，自然恢复为主

“生态兴则文明兴，生态衰则文明衰”。《规划》称，目前，我国生态环境质量呈现稳中向好趋势，各类自然生态系统恶化趋势基本得到遏制，稳定性逐步增强，重点生态工程区生态质量持续改善，国家重点生态功能区生态服务功能稳步提升，国家生态安全屏障骨架基本构筑。在看到成绩的同时，国家发展改革委农村经济司司长吴晓提醒，我国在生态方面的历史欠账还比较多，问题积累多、现实矛盾也比较多，一些地区生态环境承载能力已达到或接近上限，且面临“旧账”没还、又欠“新账”的问题，生态文明建设仍处在关键期、攻坚期和窗口期，生态保护修复任务十分艰巨。《规划》明确，到2035年，通过大力实施重要生态系统保护和修复重大工程，全面加强生态保护和修复工作，全国森林、草原、荒漠、河湖、湿地、海洋等自然生态系统状况实现根本好转，生态系统质量明显改善，优质生态产品供给能力基本满足人民群众需求，人与自然和谐共生的美丽画卷基本绘就。《规划》提出了“坚持保护优先，自然恢复为主”“坚持科学治理，推进综合施策”等基本原则；将重大工程重点布局在青藏高原生态屏障区、黄河重点生态区（含黄土高原生态屏障）、长江重点生态区（含川滇生态屏障）、东北森林带、北方防沙带、南方丘陵山地带、海岸带等重点区域，根据各区域的自然生态状况、主要生态问题，研究提出了主攻方向。《规划》是推进全国重要生态系统保护和修复重大工程建设的总体设计，是编制和实施有关重大工程专项建设规划的重要依据，对推动全国生态保护和修复工作具有战略性、指导性作用。

二、一定要让母亲河生态系统得到恢复

众所周知，黄河重点生态区是全国水土流失最严重的地区，生态系统不稳定。而长江重点生态区也面临着河湖、湿地生态退化风险，水土流失、石漠化问题突出，水生生物多样性受损严重，中华鲟、达氏鲟、胭脂鱼、“四大家鱼”等鱼卵和鱼苗大幅减少，江豚面临极危态势。保护母亲河刻不容缓。《规划》在长江重点生态区布局了横断山区水源涵养与生物多样性保护，长江上中游岩溶地区石漠化综合治理，大巴山区生物多样性保护与生态修复，三峡库区生态综合治理，洞庭湖、鄱阳湖等河湖、湿地保护和恢复，大别山区水土保持与生态修复，武陵山区生物多样性保护，长江重点生态区矿山生态修复8个重点工程；在黄河重点生态区布局了黄土高原水土流失综合治理、秦岭生态保护和修复、贺兰山生态保护和修复、黄河下游生态保护和修复、黄河重点生态区矿山生态修复5个重点工程。自然资源部正在会同有关部门

抓紧编制长江、黄河和海岸带三个重大工程的专项建设规划，来推动陆海统筹、河湖联动这种治理模式落地。长江、黄河是我们的母亲河，一定要让母亲河生态系统得到恢复。要将过去分散在各个工程的项目资金，按照山水林田湖草系统治理的方式进行配置，特别是在长江、黄河以及其他重点区域集中投入，和其他行业部门的生态保护修复举措配合起来，达到一体化保护和系统修复的目的，确保长江、黄河流域的森林和草原生态系统持续改善。

三、全面保护濒危野生动植物及其栖息地

《规划》提出，到 2035 年，以国家公园为主体的自然保护地占陆域国土面积 18% 以上，濒危野生动植物及其栖息地得到全面保护。2015 年以来，我

国先后开展了三江源、祁连山、东北虎豹、大熊猫、热带雨林、武夷山等 10 个国家公园试点。

2021 年 10 月 12 日，国家主席习近平在《生物多样性公约》第十五次缔约方大会领导人峰会上宣布：中国正式设立三江源、大熊猫、东北虎豹、海南热带雨林、武夷山等第一批国家公园，保护面积达 23 万平方公里，涉及 10 省份，涵盖近 30% 的陆域国家重点保护野生动植物种类。

近年来，我国大力推动国家公园的保护和建设，国家公园内的生态系统得到了恢复。最具代表性的是这些自然生态系统中的旗舰性物种得到恢复，比如东北虎、东北豹、雪豹的种群都得到了恢复。为加强国家公园建设管理，保障国家公园工作平稳有序开展，2022 年 6 月，国家林业和草原局印发了《国家公园管理暂行办法》。

三江源国家公园澜沧江大峡谷（宋平 摄）

2021 年，经中央全面深化改革委员会第十三次会议审议通过，国家发展改革委、自然资源部联合印发《全国重要生态系统保护和修复重大工程总体规划（2021—2035 年）》，部署青藏高原生态屏障区生态保护和修复重大工程等 9 项重大工程。这是党的十九大后生态保护和修复领域第一个综合性规划，囊括了山水林田湖草以及海洋等全部自然生态系统的保护和修复工作。该规划提出，到 2035 年，通过大力实施重要生态系统保护和修复重大工程，全面加强生态保护和修复工作，全国森林、草原、荒漠、河湖、湿地、海洋等自然生态系统状况实现根本好转，生态系统质量明显改善，生态服务功能显著提高，生态稳定性明显增强，自然生态系统基本实现良性循环，国家生态安全屏障体系基本建成，优质生态产品供给能力基本满足人民群众需求，人与自然和谐共生的美丽画卷基本绘就。

第二节　科学开展国土绿化行动

林业几乎是唯一的既能改善生态环境，又能生产可再生资源的特殊产业，要科学认识、科学评估、科学规划、科学绿化、科学经营、科学利用、科学治理，探索林业发展新机制，实现林业与区域高质量协调发展。为此，要科学推进国土绿化、加强草原保护修复、强化湿地保护修复、科学推进防沙治沙。

一、科学推进国土绿化

国土绿化是“国之大者”，是林草系统的基本职责。如何科学开展大规模国土绿化行动，需要认真思考、认真把握，拿出新举措、新招法。2021 年，国办印发《关于科学绿化的指导意见》，提出统筹山水林田湖草沙系统治理，走科学、生态、节俭的绿化发展之路。全国绿化委员会召开全体会议，对科学推进国土绿化提出明确要求，并编制完成了《全国国土绿化规划纲要（2022—2030 年）》。国家林业和草原局、国家发展改革委联合印发《“十四五”林业草原保护发展规划纲要》。交通运输部、水利部办公厅分别印发《绿色交通“十四五”发展规划》和《水土保持“十四五”实施方案》。住房和城乡建设部、国家发展改革委联合印发《“十四五”全国城市基础设施建设规划》。29 个省份制定科学绿化实施意见。

首次实行造林任务直达到县、落地上图，造林完成任务上图率达 91.8%。自然资源部、农业农村部、国家林业和草原局联合印发《关于严格耕地用途管制有关问题的通知》，自然资源部、国家林业和草原局联合印发《关于在国土空间规划中明确造林绿化空间的通知》。财政部、国家林业和草原局组织开展 20 个国土绿化试点示范项目建设。启动山东、辽宁、宁夏、河南、重庆 5 个科学绿化试点示范省建设。

《“十四五”林业草原保护发展规划纲要》提出，贯彻落实习近平总书记关于“坚持走科学、生态、节俭的绿化发展之路”重要指示精神，坚持存量增量并重、数量质量统一，科学精准精细管理，全面提升科学绿化水平，增加林草碳汇。到 2025 年，完成国土绿化 5 亿亩。

一是科学推进国土绿化。加强重点区域绿化：服务国家重大区域战略，因地制宜、分区施策，持续加强黄河、长江、三北等地区林草植被恢复。西部地区注重治理水土流失和石漠化，加快推进天然林保护、退耕还林还草、石漠化治理。北方地区注重增绿扩绿与防沙治沙相结合，加快推进三北防护林、退化草原治理。中部地区加快推进荒废受损山体治理、退化林修复、农田防护林建设等。提升科学绿化水平：科学合理安排绿化用地，严禁违规占用耕地绿化。充分考虑水资源时空分布和承载能力，以水而定、量水而行，乔灌草结合，封飞造并举，科学恢复林草植被。合理选择树种草种，优先使用乡土树种草种，积极营造混交林。加强新造幼林地封育、抚育、补植补造，建立完善后期管护制度。国土绿化任务直达到县，落地上图、精细化管理；有序推进城乡绿化：科学开展森林城市建设，加强森林城市动态管理，稳步推进京津冀、珠三角等国家森林城市群建设。充分利用城乡废弃地、边角地、房前屋后等见缝插绿，因地制宜推进城乡绿化。严禁天然大树进城，避免使用奇花异草过度打造人工绿化景观，力戒奢侈化。开展乡村绿化美化，鼓励农村“四旁”植树，保护古树名木。协同推进部门绿化；开展全民义务植树：坚持全国动员、全民动手、全社会共同参与，加强组织发动，创新工作机制，强化宣传教育，进一步激发全社会参与义务植树的积极性和主动性。推广“互联网 + 全民义务植树”，丰富义务植树尽责形式，建立各级各类义务植树

翡翠长廊（张光金 摄）

基地，推进义务植树线上线下融合发展。

二是精准提升森林质量。全面保护天然林：继续全面停止天然林商业性采伐。将天然林和公益林纳入统一管护体系。加强自然封育，持续增加天然林资源总量。强化天然中幼林抚育，开展退化次生林修复；强化森林经营：建立和实行以森林经营规划和森林经营方案为基础的森林培育、保护、利用决策管理机制。实施森林质量精准提升工程，重点加强东部、南部地区森林抚育和退化林修复，加大人工纯林改造力度，培育复层异龄混交林，建设国家储备林。

三是稳步有序开展退耕还林还草。以黄河、长江重点生态区和北方防沙带等为重点，落实国务院批准的退耕还林还草任务，推进水土流失治理和生态修复。加强退耕还林还草抚育和管护。完善投入政策，建立巩固成果长效机制。

四是夯实林草种苗基础。加强种质资源保护：开展林草种质资源普查和收集，推进林草种质资源保存库建设。开展乡土树种草种种质资源鉴定评价，发布可供利用种质资源目录。到 2025 年，建设国家林草种质资源保存库 184 处，推进设施保存库主库和山东、湖南等分库建设。加快良种选育：加强乔灌木树种种子园、母树林和草种生产基地建设，选育优质用材、生态修复、经济林果、景观树木等林木良种。加强优良草种特别是优质乡土草种选育、扩繁、储备和推广利用，不断提高草种自给率。审（认）定一批国土绿化乡土乔灌草品种；加大优良种苗供应：建设林草良种基地、采种基地，优先支持国有林场（林区）建设苗木培育示范基地和保障性苗圃，推进国家苗木交易信息中心建设，建立种苗质量追溯体系，严厉打击侵权假冒等种苗违法行为。

具体举措：首先要做到讲科学，要坚持数量质量、存量增量并重，盘活存量要注重调整品种结构、优化林分质量，扩大增量要注重科学布局、适地适树。要狠抓落地上图管理，坚持带位置上报、带图斑下达，实现造林种草、湿地保护修复、防沙治沙等任务落地上图全覆盖，并做好监测评价。要统筹山水林田湖草沙一体化保护和系统治理，因地制宜、分区施策，宜林则林、宜草则草、宜灌则灌、宜沙则沙。要严格资金项目管理，实行“调结构、提标准、带明细、抓上图”精细化管理。要加强森林可持续经营，以国有林场等为重点开展试点，带动各地提升森林质量和碳汇能力。其次要做到有规模，压实各级责任，咬定青山不放松。要合理确定国土绿化空间规模，向内部挖潜要空间，在低效林改造、年度变更调整地类、闲置林地等方面想办法找空间。要调动各方积极性，充分发挥林长制、绿委会的引领作用，激励先进、鞭策后进，实行包片督导、责任共担、一抓到底。

二、加强草原保护修复

草原承载着独特的生态、经济和文化功能，被誉为“地球皮肤”。据国家林业和草原局公布的数据显示，中国有天然草原 3.928 亿公顷，约占全球草原面积 12%，世界第一。从我国各类土地资源来看，草原资源面积也是最大的，占国土面积的 40.9%，具有地域分布广、自然景观美、人文景观独特等特点。我国的草原不仅是最大的陆地生态系统和生物多样性最为丰富的生态资源，而且也是广大牧民群众进行生产生活、实现脱贫致富的重要基地。在建设生态文明过程中，“草”被明确纳入生态治理范围。近年来，我国通过退耕还林还草、沙漠综合治理等办法，使草原生态环境总体向好，但由于草原广布于西北地区，生态基础极为脆弱，一旦遭到破坏，就会形成沙化加剧、沙漠石化等危机，从而对国家生态安全构成严重威胁。因此，深入研究草原生态保护与治理，是关乎我国生态安全、推进美丽中国建设、维护边疆稳定、实现民族地区可持续发展的重要课题。

2021年，国办印发《关于加强草原保护修复的若干意见》（以下简称《意见》），《意见》指出，要按照节约优先、保护优先、自然恢复为主的方针，以完善草原保护修复制度、推进草原治理体系和治理能力现代化为主线，加强草原保护管理，推进草原生态修复，促进草原合理利用，改善草原生态状况，推动草原地区绿色发展，为建设生态文明和美丽中国奠定重要基础。《意见》明确，到2025年，草原保护修复制度体系基本建立，草畜矛盾明显缓解，草原退化趋势得到根本遏制，草原综合植被盖度稳定在57%左右，草原生态状况持续改善。到2035年，草原保护修复制度体系更加完善，基本实现草畜平衡，退化草原得到有效治理和修复，草原综合植被盖度稳定在60%左右，草原生态功能和生产功能显著提升，在美丽中国建设中的作用彰显。到本世纪中叶，退化草原得到全面治理和修复，草原生态系统实现良性循环，形成人与自然和谐共生的新格局。

《意见》印发后，15个省份出台草原保护修复实施意见。财政部、农业农村部、国家林业和草原局联合印发《第三轮草原生态保护补助奖励政策实施指导意见》，明确“十四五”期间，国家继续实施第三轮草原生态保护补助奖励政策，并增加了资金投入，扩大了政策实施范围。国家林业和草原局办公室印发《关于进一步科学规范草原围栏建设的通知》，推动草原精细化管理。国家草原自然公园试点建设稳步推进。国家林业和草原局、九三学社中央联合印发《关于大力推广免耕补播技术提升草原生态质量的通知》，大力推广免耕补播技术。此外，国家林业和草原局积极开展草原执法监管专项检查督查，举办草原普法宣传月活动。

根据《“十四五”林业草原保护发展规划纲要》，“十四五”期间要加强草原保护修复，贯彻落实习近平总书记“要加强草原生态保护”重要指示精神，构建草原保护体系，加强草原生态修复，提高草原生态承载力，增强草原生态系统稳定性和服务功能。一是严格草原禁牧和草畜平衡。实行草原禁牧：科学划定禁牧区，对严重退化、沙化、盐碱化草原和生态脆弱区的草原、禁止生产经营活动的草原实行禁牧封育。开展草畜平衡：依据牧草生产能力和承载力核定载畜量，对禁牧区以外草原开展草畜平衡，引导鼓励牧民科学放牧，实施季节性休牧和划区轮牧。二是加快草原生态修复。实施退牧还草：

自然恢复为主，适度开展人工干预措施，开展种草改良，治理草原有害生物，科学建设草原围栏，推进划区轮牧管理，减轻草原放牧强度。修复退化草原：轻度退化草原降低人为干扰强度，中度退化草原适度开展植被、土壤等生态修复，重度退化草原通过封育、种草改良、黑土滩治理等重建草原植被。开展国有草场试点建设：研究国有草场建设重点及发展模式，探索可持续发展的管理经营运行机制和保障机制，提升草原质量和功能，因地制宜发展现代草产业、草原生态畜牧业和草原生态旅游业。三是推行草原休养生息。保护天然草原：严格保护大江大河源头等重要生态区位的天然草原，严禁擅自改变草原用途和性质，严禁不符合草原保护功能定位的各类开发利用活动。划定基本草原：把维护国家生态安全、保障草原畜牧业健康发展最基本最重要的草原划定为基本草原，实行严格保护管理，确保基本草原面积不减少、质量不下降、用途不改变。完善草原承包经营制度：加强草原承包经营管理，鼓励建立草业合作社，规范草原经营权流转。健全国有草原资源有偿使用制度。

湿地飞羽——翘鼻麻鸭（赵锷 摄）

三、强化湿地保护修复

湿地以水为魂，水草丰茂，生态富足，与森林、海洋并称为地球三大生态系统，具有涵养水源、蓄洪防旱、调节气候、改善环境、维护生物多样性等多种生态功能，被誉为“地球之肾”“物种基因库”。

2022 年 11 月 5 日，习近平在《湿地公约》第十四届缔约方大会开幕式上致辞表示，要深化认识、加强合作，共同推进湿地保护全球行动。我们要凝聚珍爱湿地全球共识，深怀对自然的敬畏之心，减少人类活动的干扰破坏，守住湿地生态安全边界，为子孙后代留下大美湿地。我们要推进湿地保护全球进程，加强原真性和完整性保护，把更多重要湿地纳入自然保护地，健全合作机制平台，扩大国际重要湿地规模。我们要增进湿地惠民全球福祉，发挥湿地功能，推进可持续发展，应对气候变化，保护生物多样性，给各国人民带来更多实惠。习近平总书记指出，中国湿地保护取得了历史性成就，湿地面积达到 5635 万公顷，构建了保护制度体系，出台了《中华人民共和国湿地保护法》。中国有很多城市像武汉一样，同湿地融为一体，生态宜居。中国将建设人与自然和谐共生的现代化，推进湿地保护事业高质量发展。

党的十八大以来，以习近平同志为核心的党中央把湿地保护修复作为生态文明建设的重要内容，作出一系列决策部署。各地各部门协同发力、多措并举，从加强立法、执法、管理、治理等方面有力推动我国湿地保护修复和高质量发展。

2022 年 6 月 1 日，中国首部专门保护湿地的法律《中华人民共和国湿地保护法》正式实施，为强化我国湿地保护修复提供了坚实的法律保障。近年来，各地坚持生态优先、保护第一，对当地湿地开展常态化巡护执法，依法依规拆除湿地内的违规围网，清退湿地内的非法采砂、环湖造纸等污染源企业，以减少人类活动对湿地的干扰破坏。同时，各地因地制宜移植花草树木幼苗，通过人工修复和自然恢复相结合的方式，使当地的湿地生态系统和生态功能逐步得到恢复。有的湿地通过引进人工饲养的麋鹿等动物，并对其进行野化训练，逐步恢复湿地内的野生动物种群。不少地方湿地工作人员和志愿者还开展巡查工作，有效保护和营救在湿地内迷路、受伤的鸟类等动物……

绚丽衡水湖（李会龙 摄）

今天，湖南洞庭湖候鸟鸣唱，江豚欢跃，麋鹿奔跑；山东黄河三角洲芦苇荡漾，天鹅、丹顶鹤展翅飞翔；广西防城港，大片红树林与碧海蓝天交相辉映……经过各方共同努力，全国湿地面积达到5635万公顷，共有64处国际重要湿地、29处国家重要湿地、1021处省级重要湿地，以及901处国家湿地公园。《湿地公约》共认定43个国际湿地城市，中国13个城市入选，是全球入选国际湿地城市数量最多的国家。

湿地保护成果来之不易，我们要倍加珍惜、接续努力、久久为功。首先要积极贯彻落实习近平总书记关于“全面保护湿地”重要指示批示精神，落实湿地保护修复制度，增强湿地涵养水源、净化水质、调蓄洪水等生态功能，保护湿地物种资源。其次要进一步完善立法，强化执法，健全湿地保护体系，提升对湿地的管理水平和治理能力，更有力有效地推动我国湿地保护高质量发展，助力建设人与自然和谐共生的现代化。

一是全面保护湿地。湿地面积总量管控：以国土“三调”成果为基础，科学确定湿地管控目标，确保湿地总量稳定。健全湿地保护体系：优化湿地保护体系空间布局，加强高生态价值湿地保护，逐步提高湿地保护率，形成覆盖面广、连通性强、分级管理的湿地保护体系。提升重要湿地生态功能：强化江河源头、上中游湿地和泥炭地整体保护，减轻人为干扰。加强江河下游及河口湿地保护，改善湿地生态状况，维护生物多样性。

二是修复退化湿地。开展湿地修复：采取近自然措施，增强湿地生态系统自然修复能力。重点开展生态功能严重退化湿地生态修复和综合治理。组织实施湿地保护与恢复、退耕还湿、湿地生态效益补偿等项目。加强重大战略区域湿地保护和修复：重点开展长江、黄河、京津冀等区域湿地保护和修复，实施湿地保护和恢复工程。实施红树林保护修复专项行动：严格保护红树林，逐步清退红树林自然保护地内养殖塘等开发性生产性活动。科学开展红树林营造和修复，扩大红树林面积，提升红树林生态功能。

三是加强湿地管理。完善湿地管理体系：建立健全湿地分级管理体系，发布重要湿地名录，制定分级管理措施，推动政府与社区、企业共管。统筹湿地资源监管：探索建立湿地破坏预警系统，制定湿地保护约谈等管理办法，加强破坏湿地行为督查。开展国际重要湿地、国家重要湿地的生态状况、治理成效等专题监测。

四、科学推进防沙治沙

我国是受土地沙化危害最为严重的国家之一。截至 2019 年，我国荒漠化土地面积 257.37 万平方公里，占国土面积的 26.81%；沙化土地面积 168.78 万平方公里，占国土总面积的 17.58%。党中央、国务院历来高度重视防沙治沙工作，习近平总书记多次对防沙治沙工作作出重要指示批示，充分肯定河北塞罕坝、山西右玉、内蒙古库布其、甘肃古浪八步沙、新疆阿克苏防沙治沙成效，对科学防沙治沙提出了要求，强调坚持山水林田湖草沙一体化保护和系统治理。特别是党的十八大以来，在习近平生态文明思想指引下，坚持依法防治、科学防治，强化督查考核，全国防沙治沙工作取得了明显成效，为维护国家生态安全作出了重要贡献。

2022 年 12 月 15 日，《全国防沙治沙规划（2021—2030 年）》（以下简称《规划》）经国务院审定同意，由国家林业和草原局、国家发展改革委、财政部、自然资源部、生态环境部、水利部、农业农村部七部委局联合印发实施。这是《中华人民共和国防沙治沙法》颁布实施后经国务院批准实施的第三个全国防沙治沙规划。《规划》的印发实施，是统筹推进山水林田湖草沙一体化保护和系统治理，高质量推进防沙治沙工作，全面落实联合国 2030 年可持续发展议程，保障国家生态安全，建设生态文明和美丽中国的具体措施。

《规划》全面总结了党的十八大以来我国防沙治沙成效，客观分析面临的机遇和挑战，明确提出下一阶段我国防沙治沙工作要认真落实党中央、国务院决策部署，完整、准确、全面贯彻新发展理念，坚持山水林田湖草沙一体化保护和系统治理，按照保护优先、重点修复、适度利用的总体思路，依托全国重要生态系统保护和修复重大工程，以全国防沙治沙综合示范区为引领，以筑牢北方重要生态安全屏障为重点，以保护生态和改善民生为目标，充分调动各方面力量，广泛开展国际合作交流，全力推进防沙治沙高质量发展，为建设生态文明、美丽中国和人与自然和谐共生的现代化作出新的更大贡献。

《规划》明确了今后一个阶段全国防沙治沙的目标任务，即到 2025 年，规划完成沙化土地治理任务 1 亿亩，沙化土地封禁保护面积 0.3 亿亩；到 2030 年，规划完成沙化土地治理任务 1.86 亿亩，沙化土地封禁保护面积 0.9 亿亩。

八步沙林场场长郭万刚查看沙拐枣生长情况（张文灿 摄）

《规划》全面贯彻落实国家主体功能区战略，立足国家生态安全格局，与国土空间规划和“双重”规划相衔接，统筹考虑沙化土地空间分布、治理方向的相似性及地域上相对集中连片等因素，将沙化土地划分为干旱沙漠及绿洲、半干旱、青藏高原高寒、黄淮海平原半湿润湿润、沿海沿江湿润等五大沙化土地类型区、23个防治区域。根据沙化土地分布特点和水资源承载能力，确定内蒙古东部及京津冀山地丘陵、库布其沙漠及毛乌素沙地、河西走廊及阿拉善高原、古尔班通古特沙漠及绿洲区、塔克拉玛干沙漠及绿洲区、柴达木盆地沙漠及共和盆地、西藏“两江四河”河谷7个区域为全国防沙治沙重点建设区域。

《规划》确定了今后一个阶段防沙治沙的主要措施。一是分类保护沙化土地。坚持预防为主、保护优先，实行沙化土地分类保护，全面落实各项保护制度，充分发挥生态系统自然修复功能，促进植被休养生息，从源头上有效控制土地沙化。强调对于原生沙漠、戈壁等自然遗迹，坚持宜沙则沙，强化保护措施，力争实现应保尽保。二是推进重点区域沙化土地综合治理。在科学评估水资源承载能力的基础上，突出重点建设区域，统筹山水林田湖草沙综合治理、系统治理、源头治理。《规划》确定了包括封山（沙）育林育草、飞播固沙造林种草、工程固沙、沙化草原治理、水土流失综合治理、沙化耕地治理和配套设施建设等四大类11项沙化土地综合治理措施，高质量推进防沙治沙工作，“十四五”期间，三大优先治理区沙化土地治理任务4869万亩，约占同期全国防沙治沙任务总量的一半。三是适度发展绿色生态沙产业。《规划》明确了沙产业的发展方向、发展布局、重点领域和发展区域。

为全面落实《规划》确定的重点地区防沙治沙目标任务，确保规划任务落地实施，全力推动我国防沙治沙高质量发展，统筹推进山水林田湖草沙一体化保护和系统治理，国家林业和草原局荒漠化防治司决定组织编制《重点地区防沙治沙实施方案（2023—2030年）》，突出以“双重”工程为抓手，全力推进重点地区沙化土地综合治理，提升荒漠生态系统多样性、稳定性、持续性，为筑牢我国北方生态安全屏障奠定坚实基础。

第三节　构建以国家公园为主体的自然保护地体系

贯彻落实习近平总书记“实行国家公园体制，目的是保持自然生态系统的原真性和完整性，保护生物多样性，保护生态安全屏障，给子孙后代留下珍贵的自然资产”重要指示精神，全面落实《关于建立以国家公园为主体的自然保护地体系的指导意见》，健全保护体制，创新管理机制。国家林业和草原局（国家公园管理局）坚决扛起建设国家公园的重大政治责任，聚焦健全国家公园运行管理体制机制，强化政策支持和监督管理，引导社会各界参与自然生态保护，科学有序推进国家公园建设各项任务，努力为构建中国特色的以国家公园为主体的自然保护地体系贡献力量，为维护国家生态安全、建设生态文明和美丽中国提供支撑保障。

在 2022 年 1 月举行的世界经济论坛视频会议上，习近平主席宣布，中国正在建设全世界最大的国家公园体系。党的二十大报告指出，要推进以国家公园为主体的自然保护地体系建设。2022 年 11 月 5 日，习近平主席在《湿地公约》第十四届缔约方大会开幕式视频致辞中宣布，中国制定了《国家公园空间布局方案》，将陆续设立一批国家公园。11 月 8 日，国务院发布了《关于国家公园空间布局方案的批复》。11 月 30 日，经国务院同意，国家林业和草原局（国家公园管理局）、财政部、自然资源部、生态环境部联合印发了《国家公园空间布局方案》。通过编制和实施该方案，逐步把我国自然生态系统最重要、自然遗产最精华、自然景观最独特、生物多样性最富集的区域纳入国家公园体系，严格保护起来，守护好我国最美国土，努力把习近平总书记关于建设全世界最大的国家公园体系的科学蓝图变成美好现实。

制定《国家公园空间布局方案》是贯彻落实党的二十大精神的具体行动，为推进国家公园高质量发展，建设全世界最大的国家公园体系提供了基本遵循。国家林业和草原局会同中国科学院及有关部门，在全国自然保护地体系规划研究等基础上，综合考虑我国自然生态地理格局和生态功能格局，突出青藏高原、长江流域、黄河流域重点生态区位和生物多样性、典型景观分布，以国家代表性、生态重要性、管理可行性为统一尺度，编制了《国家公园空间布局方案》。国家公园规划布局了 49 个国家公园候选区（不包含港澳台地区），总面积约 110 万平方公里，覆盖了我国 5000 多种野生脊椎动物和 2.9 万多种高等植物，保护了 80% 以上的国家重点保护野生动植物物种及其栖息地。

为稳妥有序推进新一批国家公园创建设立，国家林业和草原局会同财政部联合印发《国家公园设立指南》，明确创建设立工作流程及材料编报等要求。目前，正积极指导相关省份，按照《国家公园空间布局方案》的最新要求，开展国家公园创建设立相关工作。推动祁连山、钱江源、南山、神农架、香格里拉 5 个原国家公园体制试点区持续完善设立条件；推进黄河口、秦岭、南岭、羌塘、卡拉麦里等 12 个国家公园候选区开展创建工作，并对部分候选区完成第三方评估、征求中央有关部门意见等工作。

一、高质量建设国家公园

2021 年 10 月 12 日，我国正式设立三江源、大熊猫、东北虎豹、海南热带雨林和武夷山第一批国家公园，总面积约 23 万平方公里，开启了以国家公园为主体的自然保护地体系建设新篇章。国家公园建设逐步形成了部门联动、央地协同的良好局面，在央地多方共同努力下，国家公园建设取得了阶段性成效。

建立健全国家公园管理体制。国家林业和草原局配合中央编办积极推进第一批国家公园管理机构设置工作，共同指导相关省（自治区）认真落实中央编委文件精神和国务院对国家公园设立方案的批复要求，因园施策提出国家公园管理机构设置方案。国家林业和草原局（国家公园管理局）会同各相关省（自治区）完善协调推进工作机制，建立联席会议、协同配合、信息共享、责任共担的局省共同责任工作体系，于 2022 年 5 月底至 6 月初，以“一对一”形式与 5 个国家公园涉及相关省（自治区）召开局省联席会议，共同研究问题、部署工作，逐步构建国家主导、央地共建的国家公园管理体制。各个协调推进组通过实地调研、召开会议、建立台账、每月调度等方式，全面落实局省（自治区）联席会议的安排部署，落实包片责任和重点工作。

加强生态系统整体性保护。长江正源、黄河正源以及江西武夷山区域分别正式纳入三江源、武夷山国家公园保护范围，实行统一规划、统一管理、统一建设，生态系统原真性、完整性保护得以提升。大熊猫国家公园整合、

大熊猫国家公园佛坪管理分局内的大熊猫母子（雍严格 摄）

撤并原分属不同部门、不同层级管理的73个自然保护地，大熊猫局域种群的栖息地联通和基因交流逐步恢复。东北虎豹国家公园持续推进中俄跨境合作保护，畅通虎豹跨境迁徙通道，实现了野生东北虎、东北豹从跨境游走觅食到境内定居繁殖扩散的转变，野生东北虎幼崽存活率从33%提升到50%以上。海南长臂猿在2021年增加2只的基础上，2022年又新增1只婴猿，种群数量达到5群36只。

推进总体规划编制和勘界定标。指导第一批国家公园开展总体规划编制，组织评估审查。2022年11月11日，国家林业和草原局印发了《国家公园总体规划编制和审批管理办法（试行）》，根据办法研究起草了实施细则。目前，第一批国家公园总体规划已基本编制完成，正在进行审核评估。印发《关于加快推进第一批国家公园勘界工作的函》，组织对东北虎豹、武夷山及大熊猫国家公园四川片区勘界成果材料进行初审。

有序推动确权登记及自然资源资产管理。自然资源部、国家林业和草原局联合印发《关于组织开展正式设立的国家公园自然资源确权登记公告登簿工作的通知》。组织有关单位，配合自然资源部登记局，召开视频部署会，指导编制《东北虎豹国家公园全民所有自然资源资产所有权委托代理机制试点实施方案》，研究中央政府直接行使所有权的自然资源清单。

积极探索综合行政执法模式。三江源国家公园整合 4 个县的自然资源、生态环境、林草、农牧等执法机构，组建三江源管委会资源环境执法局，履行资源环境综合行政执法职责。福建省增设“国家公园监管”执法类别，授权武夷山国家公园管理机构行政执法主体资格等，明确权责事项 123 项，实行园区执法支队与管理站合署办公，履行各类行政执法和日常管理职责。海南省政府以政府令形式，授权省森林公安局及其直属分局行使 42 项林业行政处罚权，园区行政执法由 9 市、县的综合行政执法局承担，执法力量派驻国家公园管理机构。

东北豹（东北虎豹国家公园管理局 供图）

二、强化国家公园支撑保障

强化国家公园法规制度建设。通过深入调查研究、多方征求意见、组织专家咨询论证推进《国家公园法》立法工作。同时，持续加强与司法部等部门沟通协调，编写执法监督等 14 个立法专题材料。编制出台《国家公园管理暂行办法》，保障立法过渡期内国家公园建设各项工作。组织起草《国家公园志愿服务管理办法》《国家公园特许经营管理办法》两个规范性文件。

设立国家公园专项资金。2022 年 9 月，国务院办公厅转发了财政部与国家林业和草原局制定的《关于推进国家公园建设若干财政政策的意见》，明确了财政支持生态系统保护修复、国家公园创建和运行管理等 5 个重点方向，

武夷山国家公园玲珑湾（傅贤斌 摄）

提出了加大财政资金投入和统筹力度、建立健全生态保护补偿制度等 5 项政策举措。国家发展改革委建立了国家公园建设重点项目库，加大对国家公园范围内公共基础设施建设的支持力度。2022 年，中央财政安排国家公园补助资金较上年有大幅增加。

持续推进“天空地”一体化监测体系及感知系统建设。编制《国家公园“天空地”一体化监测指南》和试点项目实施方案，推进东北虎豹、大熊猫、三江源国家公园监测试点项目落地。推进大熊猫国家公园监测平台建设，制定监测平台运行管理机制工作方案，研究制定监测平台建设可行性研究报告。开展第一批国家公园地类变化遥感监测核实工作，形成相关数据，实现数据对接共享。进一步优化完善国家公园感知系统框架，推动建立各国家公园感知系统工作专班，提供相关数据，加强数据对接共享。

三、优化自然保护地布局

推进自然保护地整合优化。科学界定范围和管控分区，组织勘界立标。加强自然保护地体系研究，识别保护空缺，完善保护体系。加强保护协作，稳妥解决历史遗留问题和现实矛盾冲突。

加强保护管理能力建设。开展自然保护区本底调查，编制总体规划，聚焦重点建设项目。逐步对受损严重的自然生态系统和栖息地开展科学修复。加强野外巡护、应急防灾救灾、疫源疫病防控和有害生物防治等设施设备建设。构建自然资源监测评估和监督管理体系。组织开展自然教育、生态体验等。

四、增强自然公园生态服务功能

提升自然公园生态文化价值。完成各类自然公园定位和范围划定，确保自然公园内的自然资源及其承载的生态、景观、文化、科研价值得到有效保护。开展勘界立标，对受损严重的自然遗迹、自然景观等进行维护修复。

提升自然教育体验质量。健全公共服务设施设备，设立访客中心和宣教展示设施。建设野外自然宣教点、露营地等自然教育和生态体验场地。完善自然保护地引导和解说系统，加强自然公园的研学推广。

第四节　加强野生动植物保护

我国是世界上野生动植物种类最丰富的国家之一。多年来，我国持续加强野生动植物保护，取得明显成效。目前，全国珍稀濒危野生动植物种群总体稳中有升，90% 的陆地自然生态系统类型、65% 的高等植物群落、74% 的重点保护野生动植物物种得到有效保护，大熊猫、朱鹮、苏铁、木兰科植物等 100 余种珍稀濒危野生动植物种群得到恢复增长。全面停止象牙、犀牛角、虎骨及其制品贸易，建立了 27 个部门参加的打击野生动植物非法贸易部际联席会议制度。全面完成在养禁食野生动物处置和养殖户补偿工作，积极做好转产转型等后续工作。在国际上，发起主导了共同打击野生动植物非法贸易的“眼镜蛇行动”；先后加入《生物多样性公约》和《濒危野生动植物种国际贸易公约》（CITES），与 18 个国家的 22 个动物园开展大熊猫合作研究。加强野生动植物保护，就是要贯彻落实习近平总书记“全面保护野生动植物”重要指示批示精神、构建野生动植物保护和监管体系，维护生物多样性和生物安全。

一、加强珍稀濒危野生动植物保护

一是抢救保护珍稀濒危野生动物。开展物种专项调查，实施大熊猫、亚洲象、海南长臂猿、东北虎、中华穿山甲、四爪陆龟等 48 种极度濒危野生动物及其栖息地抢救性保护。划定并严格保护重要栖息地，连通生态廊道，重要栖息地面积增长 10%。构建野生动物及其栖息地和鸟类迁徙路线监测评估体系，在鸟类迁徙路线设立保护站点，开展鸟类环志工作和志愿者护飞行动。优化救护机构布局，提升收容救护设施水平。支持建设珍稀濒危野生动物种源繁育基地和遗传资源基因库，开展大熊猫、普氏野马、麋鹿等 15 种珍稀濒危野生动物野化放归。防范和降低亚洲象、熊、野猪等野生动物致害风险，对局部地区种群数量偏大、严重影响群众正常生产生活的野生动物，在科学评估基础上，有计划实施种群调控。严禁野生动物非法交易和食用，从严查处违法违规行为，革除滥食野生动物陋习。加大禁食野生动物处置利用的指

亚洲象（云南省林业和草原局 供图）

导、服务和监管力度。二是保护繁育珍稀濒危野生植物。构建珍稀濒危野生植物调查监测与评价体系。开展50种极小种群野生植物抢救性保护。开展谱系清晰、多样性丰富的极小种群物种野外回归试验。对分布极度狭窄、种群数量稀少或生境破坏严重的100种植物，开展迁地保护和最小人工种群保留。在自然保护地外划建一批原生境保护点。完善35处珍稀濒危野生植物扩繁和迁地保护研究中心。建设国家重点保护和极小种群野生植物种质资源库。加强药用野生植物资源人工培植。

二、保护生物多样性

一是完善生物多样性保护制度。施行《国家重点保护野生动物名录》，修订《国家重点保护野生植物名录》《有重要生态、科学、社会价值的陆生野生动物名录》。制修订人工繁育、人工培植、分类管理、标识管理、罚没物品处置、野生动物肇事补偿、可持续采集等管理办法和标准规范。建立多部门信息交流与联合执法机制，加强互联网犯罪监管执法。二是严格进出口管理和执法。依托《濒危野生动植物种国际贸易公约》框架、强化与国际打击野生动植物犯罪联盟成员单位合作，形成来源国、中转国、目的国全链条打击新格局。改扩建罚没物品储藏库，完善野生动植物鉴定体系。三是强化疫源疫病监测预警和防控。建设陆生野生动物疫病监测站和检测中心，提升陆生野生动物疫源疫病监测预警防控信息管理系统，开展野生动物疫病本底调查。建设国家野生动物疫病预防控制中心、流行病学调查中心、野生动物生物样本库、病原体保藏中心。出台陆生野生动物疫病分病种应急处置指南，推进防控队伍和应急物资储备建设，制定染疫动物无害化处置标准。

三、加强外来物种管控

一是完善预警体系。布局林草外来物种监测站点，开展外来物种风险调查评估，严格贯彻落实《重点管理外来入侵物种名录》管理办法。二是建立防控体系。组织制定外来入侵物种灾害防控应急预案，健全应急防控指挥和应急处置系统。推进部门间外来入侵物种重大生物灾害或疫情检疫执法联动机制，严格外来物种审批和管控。三是提升防控能力。建设国家级外来入侵物种预防控制重点实验室，完善快速检测技术，研发实用先进防治药剂和器械。健全外来物种管控配套法规。

第五节　做优做强绿色产业

贯彻落实习近平总书记“坚持绿色发展、生态惠民”重要指示精神，发挥林草资源优势，巩固生态脱贫成果，做优做强林草产业，推动乡村振兴。习近平总书记在福建工作时曾提出：“除了要一个林业生态效益以外，还应该要林业的经济效益，真正把林业当作产业来办。”为此，首先就是要处理好保护和利用的关系、生态保护和民生改善的关系。保护和利用是一体两面不可分割，唯有健康的森林才有最佳的效益。其次就是开展森林可持续经营，增进木材的可持续生产和流通，推进森林可持续发展，这既是对森林的科学利用，又是对森林的最好保护。对森林的科学利用是最好的森林保护方式。沈国舫院士指出：伐木本无过，森林可持续经营更有功。再次就是开拓木材需求空间，增加木材替代项目，如木结构建筑、木材替代水泥钢材等，适应双碳战略，提升木材市场的活力。发挥多功能森林作用，推动大健康活动，开展新时代旅游，构建生态产品价值实现的新机制：“文化＋经济＋生态”，走融合之路，适战略之需，提链条价值，创生态福地。最后是进一步破解林草业与金融资本、社会资本融合发展的难题，加强林草产品市场建设，推进林草系统化改革，实现林草事业高质量发展。

一、巩固拓展生态脱贫成果同乡村振兴有效衔接

一是深度融入乡村振兴。支持有条件的地区将林草特色优势产业打造成县域支柱产业。推动生态扶贫政策、工作体系与民生改善、乡村治理平稳有序衔接，保持帮扶人才队伍稳定。二是巩固脱贫成果。支持脱贫地区采取以工代赈方式开展林草基础设施建设，吸纳更多脱贫人口参与生态保护修复工程建设。逐步调整优化生态护林员政策，支持各类自然保护地通过政府购买

服务方式开展生态管护，建立健全特许经营制度，吸纳本地脱贫人口就近就地就业，建立稳收益不返贫长效机制。

二、发展优势特色产业

一是推进产业升级。发展国家储备林新型产权模式、经营模式。实施油茶产业发展三年行动方案，将油茶纳入食用油安全战略，明确由林草部门牵头负责，到 2025 年全国油茶种植面积达 9000 万亩以上、茶油产量达 200 万吨。把油茶产业发展摆上重要议程，强力推进各项工作的落实。发展竹产业，推动竹林培育、竹材加工、竹文化旅游。发展花卉产业，做强花卉种植业，发展花卉加工业，培育花卉服务业。发展林草中药材，推动产业标准化绿色化发展。发展牧草产业、草坪业、草种业，打造优质草种繁育和饲草种植基地。发展国家级特色林草产品优势区和示范园区，培育国家级重点龙头企业。实施森林生态标志产品建设。二是培育新产业新业态。发展生物质能源、生物基材料、天然香料和沉香、木竹结构建筑和木竹建材等新兴产业。发展林下经济，培育森林康养、自然教育等新业态新产品。积极发展林草循环经济，打造“生态 +”“互联网 +”等产业发展新模式。三是做强传统产业。推进木竹材精深加工，巩固提升人造板、木地板、木家具等传统优势产业。支持经济林、木竹材加工、林产化工、制浆造纸等产业绿色化数字化改造，推广节能环保和清洁生产技术，加快淘汰落后产能。加强产业品牌建设与保护，形成林草品牌体系。办好国家级林草产业重点会展。

江西山茶油加工现场（江西省林业局 供图）

三、提升林草装备水平

一是推动林草机械化技术研发。加快研发全地形行走专用底盘、高效造林种草机械、高性能木竹采运机械、林果采收机械、木竹加工智能机械、森林草原防火机械等关键技术，切实解决林草保护发展存在的“无机可用，有机难用”问题。二是提升林草机械化装备水平。推进营造林、种草改良、有害生物防治、森林草原防火、林果采收、牧草生产全程机械化，推进家具、人造板生产全过程智能化。开展林草生产机械化试点示范。

第六节 加强林草资源监督管理

贯彻落实习近平总书记“用最严格制度最严密法治保护生态环境”重要指示精神，全面推行林长制，强化监督管理，实施综合监测，开展成效评估。

林长制是习近平总书记和党中央交给林草人的一把“利剑”，是推行草原森林湿地休养生息的制度保障。要坚持以林长制为统领，加强草原森林湿地保护监管，坚决守住生态安全边界。一是认真落实天然林保护修复制度方案，巩固全面停止天然林商业性采伐成果，推进天然林和公益林并轨管理。二是加大退化草原修复力度，抓好基本草原保护、禁牧休牧、草畜平衡等草原保护制度实施。三是加强湿地原真性和完整性保护，实施全国湿地保护规划和湿地保护重大工程，把更多重要湿地纳入自然保护地管理。四是持续开展年度林草生态综合监测评价，加大感知系统应用力度，尽快形成全国“一张图”。一定要准确把握中央精神，把国土绿化、资源保护、防火防虫作为林长制工作的重中之重，作为基本考核内容，树立正确导向。

具体举措如下。

一、全面推行林长制

全面推行林长制是建设生态文明的制度创新。林长制的全面推行，是全面贯彻习近平生态文明思想和新发展理念的重大实践，也是守住自然生态安全边界的必然要求，能有效解决林草资源保护的内生动力问题、长远发展问题、统筹协调问题，不断增进人民群众的生态福祉，更好地推动生态文明和美丽中国建设。

实行林长制，是林业治理体系、治理能力和治理效能现代化的重要改革，是实现林长治和林业提质增效高质量发展的长效机制和重要抓手，是体现生态有担当、和谐有力量和振兴有贡献的制度创新，在全面推行中要压实生态保护和改善民生的责任，结合各地实际认真贯彻落实好《关于全面推行林长制的意见》，确保山有人管、树有人栽、林有人护、责有人担，通过促“五绿”（护绿、增绿、管绿、用绿、活绿）为绿色发展奠定底色。重点是围绕森林草原资源管理改革与创新，推动生态保护、生态修复和生态经济（生态产业）协同发展，构筑生态安全，实现生态富民，建设生态文明，为美丽中国、健康中国和富强中国作出贡献。

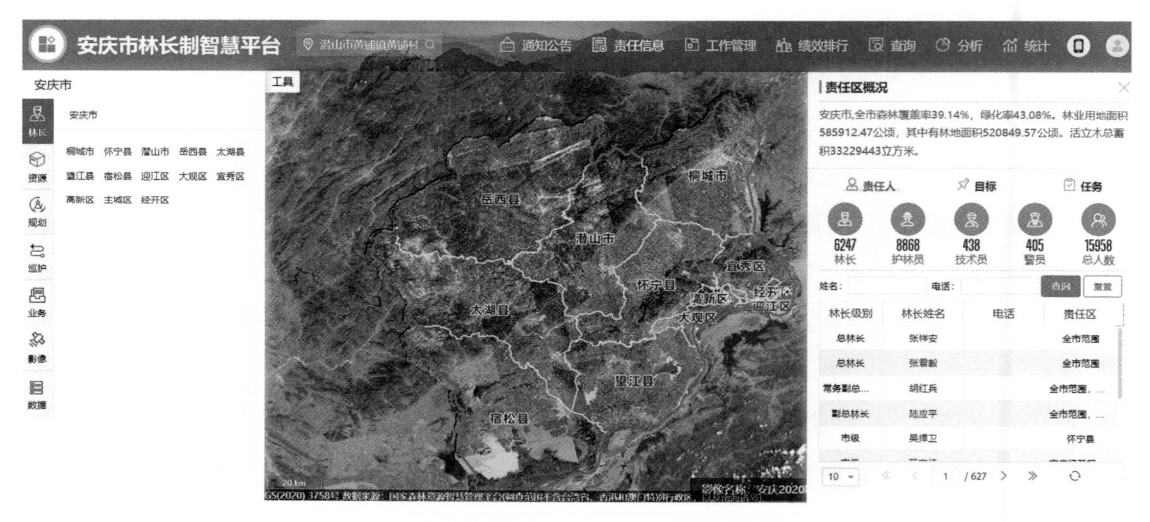

安庆市林长制智慧平台界面图（安庆市林业局 供图）

二、加强资源管理

一是严格资源管理。落实林地分级管控要求，严格控制占用公益林、天然林和蓄积量高的林地，强化林地定额 5 年总额控制机制。加强草原征占用审核审批管理，严格管理超载过牧、违规放牧等行为。实施湿地负面清单管理，强化自然湿地用途监管。对自然保护地内人为活动实施全面监控，定期开展自然保护地监督检查专项行动。二是规范采伐管理。落实采伐限额和凭证采伐管理制度，强化对限额执行和凭证采伐的监督检查，深化告知承诺制等便民举措，提升便民服务水平。此外，要筑牢资源节约利用生命底线，为中国式现代化建设夯实发展的根基。

三、强化资源监督

一是强化森林督查。持续开展“天上看、地面查、网络传”的森林督查，加强重点生态功能区、生态敏感脆弱区、重点违法领域问题的监管，强化森林督查制度化、规范化。二是开展专项治理行动。深入开展打击涉林草违法专项行动。坚决查处非法占用林地、草原、湿地、荒漠、自然保护地及毁林毁草开垦等案件。此外，要提升监督技术水平，与新技术共舞，推进资源监督手段现代化。

四、综合监测评估

一是构建综合监测体系，提高监测评估的科学性。落实《自然资源调查监测体系构建总体方案》，建立国家地方一体化管理的林草综合监测制度和“天空地网”一体化的技术体系，健全监测评价标准规范，整合开展森林、草原、湿地、荒漠化、沙化、石漠化综合监测。二是实施生态系统保护成效监测。以国土空间“一张图”为基础，构建林草资源“一张图”。开展第十次森林资源清查等专项监测，每年公布林草资源及生态状况白皮书。开展林草突变图斑实时监测预警，辅助监督执法，应对突发事件。三是加强支撑能力建设。设立国家林草生态综合监测中心，统筹林草监测技术力量，提升综合监测数据采集和信息核实能力。探索新技术应用，研建基础数表。

第七节　构建有效的林草防灾减灾体系

一、共建森林草原防灭火一体化体系

贯彻落实习近平总书记“生命至上”“安全第一”“源头管控”“科学施救”重要指示批示精神，坚持预防为主，加强与应急、公安、气象等部门协调配合，一盘棋共抓、一体化共建。

要时刻牢记习近平总书记关于防火责任重于泰山、防火“四问”、积极防范部署的重要指示批示精神，以时时放心不下的责任感抓好防火工作。认真落实《关于全面加强新形势下森林草原防灭火工作的意见》，建立部门协同、信息共享、联防联控的防灭火一体化运行机制，形成“防、救、查”分工明确、协调顺畅、配合紧密、调度有序的工作体系，持续推行包片蹲点、现场指导工作模式。加强防火重点片区林火阻隔系统建设，加大重点火险区综合治理项目建设力度，推进蓄水池、拦水坝、无人机巡护应用等基础设施建设，积极争取将防火重大基础设施建设纳入国家重点项目。强化属地责任，做到“打早打小打了”，建立网格化责任体系和非法野外用火举报奖励制度，及时发布火险预警、隐患提示。

具体举措如下。

（一）健全预防体系

一是落实防火责任。严格落实党政同责、行政首长负责制。各级林草部门认真履行防火责任，林草经营单位落实主体责任和各项防火措施。开展林草、应急、公安等部门联合督导预防，建立约谈问责机制。二是提高预警能力。综合利用“天空地”各类监测手段，提高主动掌握火情能力。强化与应急、气象部门间会商研判、预警响应、信息共享等协同联动机制。建设国家和省级防火调度管理平台。强化东北、西南防火重点区域雷击火监测。三是管控野外火源。开展森林草原火灾风险普查。在重点地段配置宣传警示、检查管控设施，推广“防火码”。会同公安机关严厉打击违法违规野外用火行为。科学开展计划烧除。

（二）加强早期火情处理

一是强化早期火情处理。推行网格化管理，充分发挥护林员、瞭望员火灾预防的“探头作用”。坚持队伍靠前驻防，带装巡护，做到早发现、早报告、早处置。引导规范社会力量参与，推行购买服务机制。二是推进专业队伍建设。健全防火组织体系，加强重点火险区域专业防扑火队伍建设，配备标准化营房、大中型防灭火机具等设施设备。加强专业技能培训，建立地方专业防扑火队伍与国家综合性消防救援队伍联动机制，提升应战能力。

（三）提升保障能力

一是加大基础设施建设。构建全国林草防火标准体系。加大火险防范、火源管控、火情监控等方面重点设施建设。完善防火应急道路网络，提高林区、牧区通信保障能力，科学建设防火隔离带。提高防扑火物资储备设施覆盖范围，配备必要专业车辆。建设林草航空护林站点，组建无人机队。二是提升重点区域综合防控水平。开展大兴安岭防灭火标准化体系建设。防火综合治理项目优先布局东北、西南等重点林区、边境林牧区、自然保护地、城镇周边、重要设施等关键区域。

（四）抓好安全生产

一是落实安全生产责任。严格落实各级林草主管部门行业监管责任和生产经营单位主体责任，研究出台林草安全生产指导性意见。建立安全防控和隐患排查治理体系，编制生产安全重大事故隐患判定标准。二是加强安全生产监管。加强林草系统安全生产宣传力度，提升安全防范意识。加强监管队伍和一线职工安全生产教育培训。

二、加强林草有害生物防治

贯彻落实习近平总书记“全面提高国家生物安全治理能力”重要指示批示精神，遏制林草重大有害生物扩散蔓延，提升有害生物防治能力，维护自然生态系统健康稳定。

（一）实施松材线虫病疫情防控攻坚行动

一是实施精准防控。对全国松林分布区域实行分区分级管理，加强浙江、江西、广东、重庆等重点省市和秦岭、黄山、泰山、三峡库区等重点区域松材线虫病疫情防控集中攻坚。强化古树名松和重要地标性景观松树保护和抢救性治疗。实施疫区松林抚育改造计划，定点集中除治疫木。实施松材线虫病防治科技攻关“揭榜挂帅”。到 2025 年，消灭黄山、泰山疫情，全国疫情发生面积和乡（镇）疫点数量实现双下降，县级疫区数量控制在 2020 年水平以下，疫情快速扩散态势得到有效遏制。二是加强监测管控。实行疫情防控目标责任书制度。推进疫情监测防控网格化管理，开展疫情监测、山场封锁、疫木清理和无害化处置等全过程监管。实施防控成效评价和灾害损失评估。建立健全疫情联防联控机制。三是严格检疫执法。全面加强防治检疫机构队伍建设，定人、定责、定时间、定标准。开展专项执法行动、强化疫情传播阻截，加强违法违规加工利用和非法调运疫木及其制品行为查处。

（二）强化林业重大有害生物防治

一是实行网格化监测预警。推进松毛虫、美国白蛾、天牛等重大林业有害生物区域联防联治和社会化防治。研发立体监测和大数据预报、植物检疫等综合管理平台。二是强化防治减灾。开展检验鉴定、检疫封锁、检疫监管和除害处理等基础设施建设。建立林业有害生物应急防治指挥调度系统和飞机防治质量监管系统。建设和完善应急指挥中心和应急物资储备库。建立健全地方各级人民政府责任落实考核评价制度。三是推广技术应用。大力推广生物防治、生态调控等绿色防控技术。加快现有技术的组装配套和科研成果转化。

（三）加强草原有害生物防治

一是提升监测水平。建立健全鼠、蝗虫、草地螟等草原有害生物监测预警站点网络体系。建立支撑草原有害生物风险管理的全要素数据资源体系。二是强化灾害预防和治理。开展草原有害生物治理，强化重大灾害综合治理。推进遥感监测、灾害智能判读、大数据分析预测、生物制剂等技术研发与推广应用。建立省、市两级区域性应急防治物资储备库。三是提升科技支撑。开展草原鼠虫害绿色防治技术和区域性草原鼠害应急控制以及长期治理技术的试点示范。开展重大草原有害生物防治科学研究。建立和完善防治技术产品质量认证。

第八节　深化林草改革开放

贯彻落实习近平总书记"坚持正确改革方向""保生态、保民生""力争实现新的突破"等重要指示精神，协调好保生态和保民生的关系，贯彻绿水青山就是金山银山发展理念，盘活集体林地资源，健全国有林场经营机制，理顺国有林区资源管理体制，推动各项改革系统集成高效。

习近平总书记高度重视集体林权制度改革，在福建工作时就作出"集体林权制度改革要像家庭联产承包责任制那样从山下转向山上"的重大决定，推动福建在全国首开林改先河。2008 年 6 月，党中央、国务院印发《关于全面推进集体林权制度改革的意见》，标志着这项改革从福建推向全国。2021 年 3 月，习近平总书记到沙县考察时指出，要坚持正确改革方向，尊重群众首创精神，积极稳妥推进集体林权制度创新，探索完善生态产品价值实现机制，力争实现新的突破。深化集体林权制度改革就是要深入学习贯彻习近平总书记重要指示批示精神，认真落实《深化集体林权制度改革方案》，着力完善集体林权制度和政策体系，不断增强集体林区发展活力，更好实现生态美百姓富有机统一。

具体举措如下：

一、深化集体林权综合改革

集体林权综合改革，事关森林保护利用，事关民生福祉希望，要主动积极搭上乡村振兴、生态文明建设和共同富裕的快车道，提高政治站位，系统发力。当前，一是要放活集体林经营处置权。通过法律法规和技术标准规范林业生产行为，采用市场化手段引导和鼓励林业经营者实行可持续经营，将依法自主经营落实到位。编制实施森林经营规划和森林经营方案，实行统一标准、统一规划，推动提升集体林质量。依法依规区划界定公益林，调整优化保护区域布局和保护等级，落实到山头地块。二是要培育新型经营主体。培育家庭林场、专业合作社、龙头企业等新型经营主体，推进适度规模经营，完善林权流转、担保、贴息、分红等机制，加强产权保护，完善利益联结机制，增加农民产业增值收益。拓展集体林权权能，鼓励以转包、出租、入股等方式流转林地。探索创新“生态银行”、地役权机制。健全林权综合服务平台。三是要开展林业改革综合试点。在森林资源管理、林业产业高质量发展、林业金融创新等领域进行探索，在项目安排、人才培养、政策机制等方面予以支持。

小兴安岭中的森林生态产品展览（宋平 摄）

二、完善国有林场经营机制

国有林场森林资源禀赋好，不仅森林规模大、品质佳，覆盖率逐年上升，而且集中连片，发展优势无可比拟。但是很多林场由于还存在缺乏准确定位、产业结构不合理、基础设施建设落后、经营机制不活等因素，导致自收自支出现困难。在现代化建设的新征程上，一是要激发发展活力。巩固和扩大国有林场改革成果，守住森林资源安全边界，研究推进绿色发展的政策，建立健全职工绩效考核机制，分区分类探索国有林场经营性收入分配激励机制，建立资源分级监管机制，引导支持社会资本与国有林场合作利用森林资源。二是要推进绿色转型。培育珍贵树种和优良乡土树种，加快大径级林木、国家储备林基地建设，推进国有林场和林木种苗融合发展，发展生态旅游、林下经济等绿色低碳产业。打造不同类型示范林场。三是要加强基础建设。推进管护用房、道路、环境整治、信息化等基础设施建设，改善生产生活条件。加强人才队伍建设，拓展人才引入渠道，强化职工培训。

三、推动国有林区改革发展

一是健全国有森林资源管理体制。坚持国有林区国家生态安全屏障和森林资源培育战略基地定位，理顺国有森林资源管理体制，出台国有森林资源资产有偿使用制度改革方案，编制资产清单。完善森工企业负责人任期森林资源考核和离任审计制度。二是加强森林保护和经营。建立覆盖全林区的森林资源管护体系，确保管护责任落实到位。推广先进技术手段应用，创新管护机制，提升管护水平。严格天然林管护，科学安排人工商品林生产。强化森林经营方案编制与实施，建立森林经营绩效奖惩机制。三是保障改善民生。多渠道创造就业岗位，通过增加管护岗位、发展特色产业、鼓励自主创业等途径，妥善安置林区职工。鼓励林区发展生态体验、冰雪旅游、林特产品加工等绿色产业。不断改善林区职工生产生活和居住条件，将国有林区供电、饮水，道路、管护用房建设等纳入国家支持范围。四是支持大兴安岭林业集团公司发展。推动大兴安岭林业集团公司建立公益类现代企业制度。深化劳动、人事、分配制度改革。健全完善法人治理结构，制定集团公司内设机构及二级法人机构人员分类分层管理和考核制度。推动经济转型，发展接续产业。

四、实行高水平对外开放

一是健全林草国际合作体系。推动双边务实合作，加强多边对话交流，深化与有关国际组织、国际金融机构合作，加强国际组织人才培养推送，深入推进区域机制交流合作。重点支持国际竹藤组织和亚太森林组织发展。推进林草民间国际交流合作。二是加强国际履约。加强国际公约谈判，全面履行涉林草国际公约责任与义务，推动林草应对气候变化国际合作。强化国际公约履约支撑，建立健全履约部际协调机制，加强林草履约和国际合作示范基地建设，深化国际公约履约和国内林草改革发展工作融合机制。例如，2021 年 10 月，《生物多样性公约》第十五次缔约方大会在昆明成功举办；

2022 年 11 月，《湿地公约》第十四届缔约方大会在武汉成功举办。继续推进“全球森林资金网络”等办公室落户中国。三是建设绿色“一带一路”。推进生态协同保护与灾害防控合作，共建跨境跨流域自然保护地、生态廊道，深化与陆地邻国开展边境森林草原防火合作，加强野生虎、豹、亚洲象等动物及其栖息地保护合作，推动候鸟栖息地及国际迁徙路线保护，深化大熊猫、朱鹮等特有物种保护科研合作。推动荒漠化防治、湿地恢复等领域生态治理技术交流合作。提升林草对外贸易水平，建设国际木材集散中心、木材加工产业园区和森林资源培育与利用基地。引导林草绿色投资，支持和培育国际竞争力强、市场占比高的国内跨国企业。鼓励和规范林草企业境外投资。

五、探索生态补偿新模式

目前我国已实施的生态补偿制度，包括天然林保护工程、退耕还林（草）工程、森林生态效益补偿、湿地补偿、草原补偿和重点生态功能区的生态转移支付等，其生态补偿模式以国家代表社会公众向维护和治理生态系统的地区支付补偿资金为主。为了体现生态调节功能受益的多样性和提高生态补偿的灵活性，在不少地区探索直接由受益区域向生态服务功能区进行补偿的基础上，创新生态补偿的模式，积极探索生态补偿和保险的结合、生态补偿和生态利用的结合等方式，通过半市场化、市场化的方式使受益于生态系统调节功能的主体直接向维护生态系统的主体支付补偿资金，增大生态补偿制度的准确性和灵活性。

第九节　山水林田湖草沙系统治理工程

山水林田湖草沙是相互依存、紧密联系的生命共同体。习近平总书记指出：“要统筹山水林田湖草沙系统治理，实施好生态保护修复工程，加大生态系统保护力度，提升生态系统稳定性和可持续性。”统筹山水林田湖草沙系统治理，是习近平生态文明思想的重要内容，为正确处理人与自然关系，坚定不移走生态优先、绿色发展之路，建设美丽中国提供了科学指引。

习近平总书记在党的二十大报告中指出，我们要推进美丽中国建设，坚持山水林田湖草沙一体化保护和系统治理，统筹产业结构调整、污染治理、生态保护、应对气候变化，协同推进降碳、减污、扩绿、增长，推进生态优先、节约集约、绿色低碳发展。统筹山水林田湖草沙系统治理，深刻揭示了生态系统的整体性、系统性及其内在发展规律，为全方位、全地域、全过程加强生态环境保护提供了方法论指导。

党的十八大以来，我国从系统工程和全局角度寻求新的生态环境治理之道，更加注重综合治理、系统治理、源头治理，坚持山水林田湖草沙一体化保护和系统治理，稳步推进生态保护修复工程试点，实施生物多样性保护重大工程和濒危物种拯救工程，划定35个生物多样性保护优先区域。这十年，生态系统的质量和稳定性显著提升，山水林田湖草沙生命共同体生机勃发。

统筹山水林田湖草沙系统治理，关系新时代生态文明建设全局，关系我国生态安全和中华民族永续发展，必须从大处着眼，不断加强生态战略研究，持续深化自然资源保护战略、能源开发与利用战略研究。国家“十四五”林业草原发展保护纲要提出：要在黄河、长江、青藏高原等重大战略区城、重点生态区位，聚焦重点、统筹资金、形成合力、系统治理，科学布局和组织实施一批区域性山水林田湖草沙系统治理示范项目。

一、黄河及北方防沙带示范项目

聚焦祁连山、秦岭、贺兰山、黄土高原、黄河三角洲等黄河上中下游，以及京津冀、内蒙古高原、河西走廊、塔里木河流域、天山等重点防沙区，实施31个区域性山水林田湖草沙系统治理示范项目。

二、长江及南方丘陵山地带示范项目

聚焦横断山区、长江上中游岩溶石漠化地区、大巴山区、三峡库区、洞庭湖湿地、大别山区、武陵山区等长江上中下游，以及南岭、武夷山、湘桂岩溶石漠化地区等，实施25个区域性山水林田湖草沙系统治理示范项目。

三、青藏高原等重点生态区位示范项目

聚焦青藏高原、东北森林带、海岸带重点生态区位，实施 10 个区域性山水林田湖草沙系统治理示范项目。

为贯彻落实党的二十大精神，统筹推进山水林田湖草沙一体化保护和系统治理，从 2023 年起，中央财政拟支持地方开展“十四五”期间第三批山水林田湖草沙一体化保护和修复工程。为统筹考虑自然地理单元的完整性、生态系统的关联性、自然生态要素的综合性，对相互关联的各类自然生态要素进行整体保护、系统修复、综合治理，实现山上山下同治、地上地下同治、流域上下游同治，必须做好地方项目之间的协调、协同、融合和系统治理的整体效能提升。

第十节　林草国家公园融合发展的政策建议

一、进一步优化国土规划，为建设美丽中国增加绿色空间

建设美丽中国，实现人们美好追求，首先要落实美丽行动。美丽行动包含了国土绿化和本土文化建设。本土文化是我国新时代发展的灵魂、灵气；无文不续。习近平总书记在出席纪念孔子诞辰 2565 周年国际学术研讨会时指出：“文明特别是思想文化是一个国家、一个民族的灵魂。无论哪一个国家、哪一个民族，如果不珍惜自己的思想文化，丢掉了思想文化这个灵魂，这个国家、这个民族是立不起来的。”而国土绿化是增加绿色空间的主要举措。有理论说一个国家森林覆盖率达到 30% 以上且分布均匀，则风调雨顺、鸟语花香。我国林业用地面积在国土面积中虽然超过 30%，但能够造林的面积不足 30%，这就有必要进一步优化国土规划，使真正能够造林的面积扩大，为中国森林覆盖率提高到 30% 以上创造条件，为绿水青山提供规划上的保障。

提升绿色空间质量，建设美丽中国。首先，要贯彻落实党的十八届三中全会提出的“划定生态保护红线”的战略举措，秉承“生态优先”的价值观与伦理观，在发展中坚持守住生态红线，让天高云淡、草木成荫，让子孙后

代真正能够闻到花香，听见鸟鸣。其次，要完善生态补偿机制，遵循切实保护农牧民利益与生态恢复并举的方针，提高森林从业者的积极性，进而提高森林和草原等生态系统的质量。最后，要加强本土文化建设，引导公民形成文化自觉，通过意识形态建设，强化公民的主体认知并深化主体认同，将绿水青山的价值理念转化为公民切身实践的文化自觉，助力国土空间优化及美丽中国建设。

二、进一步发展健康产业，为建设健康中国增加绿色行动

建设健康中国重要的一条就是大力发展健康产业，特别是大健康产业。如今健康产业成了全球经济中唯一“不缩水”的行业，早已被国际经济学界确定为“无限广阔的兆亿产业”。在大健康时代，人们对于养生和大健康的需求已不单单是治疗，而是表现在预防、治疗、修复、康养——“四结合”。康养是生活新方式，康养旅游正在逐渐成为大众旅游的常态模式之一。

我国经济结构发生了重大变化，消费在国民经济中的贡献已经超过50%，这为大健康产业的发展提供了经济保障。绿水青山价值多样、功能多样，提质增效迫在眉睫。一方面，要在挖掘并发挥以生物多样性保护、水源涵养、防风固沙为主的生态功能的同时，兼顾其生产功能，拓宽就业渠道、推动相关产业的提质增效以及农牧民的致富增收；另一方面，依托绿水青山资源，围绕“养老”“度假”“康养”等消费热点，搭载互联网平台和大数据技术，打造集旅游、卫生、医疗、文化、养老为一体的大健康产业体系，推动产业融合，实现绿水青山的可持续发展。

三、进一步探索造血机制，为建设富强中国增加绿色财富

建设富强国家，必须瞄准绿色财富。绿色财富是指以保护人类健康繁衍为宗旨，实现经济、环境、社会和谐发展的物质财富、自然财富、精神财富、文化财富和新创造财富的总和，是一种可持续发展的战略。我们不能再守着绿水青山要饭吃，而是要继续探索绿水青山的造血机制，实现创新、共享、开放发展，把绿水青山建得更美，把金山银山做得更大，使中国真正迈向绿色财富增长的发达国家行列。

四、进一步夯实国家安全，为建设平安中国筑起绿色屏障

国家安全是民族复兴的根基，社会稳定是国家强盛的前提。必须坚定不移贯彻总体国家安全观，把维护国家安全贯穿党和国家工作各方面全过程，确保国家安全和社会稳定。建设更高水平的平安中国，以新安全格局保障新发展格局。坚定维护国家政权安全、制度安全、意识形态安全，确保粮食、能源资源、重要产业链供应链安全，维护我国公民、法人在海外的合法权益，筑牢国家安全人民防线。在坚持把发展经济的着力点放在实体经济上，推进新型工业化，加快建设制造强国、质量强国、航天强国、交通强国、网络强国、数字中国的征程上，实现生态资源从数量到质量的转变。坚持以人民为中心的发展思想，依托制度优势，构建中国林草国家公园“三位一体”融合发展的新格局，实现林草业的高质量发展，为国家安全筑起绿色屏障。

参考文献

习近平. 高举中国特色社会主义伟大旗帜 为全面建设社会主义现代化国家而团结奋斗：在中国共产党第二十次全国代表大会上的报告［M］. 北京：人民出版社，2022.

习近平. 决胜全面建成小康社会夺取新时代中国特色社会主义伟大胜利：在中国共产党第十九次全国代表大会上的报告［M］. 北京：人民出版社，2017.

新华社. 中国共产党第十九次中央委员会第六次全体会议公报［M］. 北京：人民出版社，2021.

中共中央宣传部. 习近平新时代中国特色社会主义思想学习纲要［M］. 北京：学习出版社，人民出版社，2019.

中共中央文献研究室. 习近平关于社会主义生态文明建设论述摘编［M］. 北京：中央文献出版社，2017.

中共中央党校. 习近平新时代中国特色社会主义思想基本问题［M］. 北京：人民出版社，中共中央党校出版社，2021.

中共中央宣传部. 中宣部举行新时代自然资源事业的发展与成就新闻发布会［EB/OL］. 中新网，2022-09-20，https://www.chinanews.com.cn/shipin/spfts/20220918/4368.shtml.

中共中央宣传部，中华人民共和国生态环境部 . 习近平生态文明思想学习纲要［M］. 北京：学习出版社，人民出版社，2022.

习近平生态文明思想研究中心 . 努力建设人与自然和谐共生的美丽中国：深入学习《习近平谈治国理政》第四卷［N］. 经济日报，2022-09-11.

习近平生态文明思想研究中心 . 深入学习贯彻习近平生态文明思想［N］. 人民日报，2022-08-18（10）.

《思想政治工作研究》评论员. 人不负青山 青山定不负人［EB/OL］.（2021-11-18）［2022-06-29］. https://article.xuexi.cn/articles/index.html?art_id=5713470752634295256&t=1637314095850&showmenu=fal.

北京市习近平新时代中国特色社会主义思想研究中心. 见证全面建成小康社会伟大成就［N］. 经济日报，2021-09-30.

曾鸣. 构建综合能源系统 打好实现碳达峰碳中和这场硬仗［N］. 人民日报，2021-07-28.

陈建成. 推进绿色发展实现全面小康：绿水青山就是金山银山理论研究与实践探索［M］. 北京：中国林业出版社，2018.

陈若松，余文. 推动绿色发展迈上新台阶［N］. 经济日报，2021-08-02.

陈文锋. 推动生态文明建设迈上新台阶［N］. 经济日报，2021-08-04.
范恒山. 文化让城市更美好［N］. 人民日报，2021-11-22.
傅光华. 生态文明建设的体制因素——流域生态治理理论与实践［M］. 北京：中国林业出版社，2021.
高润喜. 发挥绿色生态优势 实现高质量发展［N］. 金台资讯，2022-01-27.
高世楫，俞敏. 中国提出“双碳”目标的历史背景、重大意义和变革路径［J］. 新经济导刊，2021（2）：04-08.
耿建扩，陈元秋. 绿水青山造福人民——塞罕坝精神述评［N］. 光明日报，2021-11-17.
龚维斌. 以习近平生态文明思想引领新时代生态文明建设［N］. 光明日报，2022-08-26.
关志鸥. 保护世界自然遗产 推进生态文明建设［EB/OL］.（2021-07-17）［2022-09-06］.https://www.forestry.gov.cn/main/586/20210717/160342855719074.html.
光明日报编辑部. 我们党的百年奋斗史就是为人民谋幸福的历史［N］. 光明日报，2021-06-25.
国家林业和草原局. 国家森林城市建设成就综述［N］. 经济日报，2019-11-18.
国家林业和草原局. 中国森林资源报告（2014—2018）［M］. 北京：中国林业出版社，2019.
国家林业局. 绿水青山：建设美丽中国纪实［M］. 北京：中国林业出版社，2015.
郝思斯. 绿色转型实质是发展范式变革：对话中国社会科学院生态文明研究所所长张永生［EB/OL］.（2021-11-09）［2022-06-28］. https://huanbao.bjx.com.cn/news/20211109/1186808.shtml.
何忠国. 抹去一片荒漠 挺起一种精神［N］. 学习时报，2021-08-27.
贺高祥，文传浩. 以系统思维推进国家公园建设［N］. 光明日报，2021-11-17.
胡金焱. 以新发展理念推动黄河流域生态保护和高质量发展［N］. 光明日报，2021-11-17.
胡璐. 如何以“林长制”促进“林长治”？——专访国家林业和草原局党组书记、局长关志鸥［EB/OL］.（2021-01-12）［2022-09-13］. https://www.forestry.gov.cn/main/3957/20210113/085237834708753.html.
黄润秋. 把碳达峰碳中和纳入生态文明建设整体布局［N］. 学习时报，2021-11-17.
黄守宏. 生态文明建设是关乎中华民族永续发展的根本大计（深入学习贯彻党的十九届六中全会精神）［N］. 人民日报，2021-12-14.
黄志斌. 走向生态文明新时代［N］. 人民日报，2019-07-12.
姜文来.“五个追求”为全球生态文明建设贡献中国智慧［EB/OL］.（2019-04-30）［2022-08-20］.http：//theory.people.com.cn/n1/2019/0429/c40531-31056615.html.
姜昱子. 人与自然和谐共生的实践路径［N］. 光明日报，2021-09-03.
经济日报课题组. 习近平经济思想研究评述［N］. 经济日报，2021-11-29.
寇江泽. 推动全国碳市场平稳健康发展［N］. 人民日报，2021-11-22.
莱斯特.R. 布朗. 生态经济：有利于地球的经济构想［M］. 林自新，等，译. 北京：东方出版社，2002.
李馥伊，杨长湧. 携手构建人类命运共同体的伟大实践：论高质量共建“一带一路”［N］. 经济日报，2021-11-09.
李毅.理解共同富裕的丰富内涵和目标任务［N］.人民日报，2021-11-11.
李永胜.携手共建地球生命共同体的中国方案［EB/OL］.人民网，2021-12-02，https://www.workercn.cn/c/2021-12-03/6846324.shtml.
刘毅.弘扬塞罕坝精神 推进生态文明建设［N］.人民日报，2021-11-16.
刘毅.有力有序降碳 促进高质量发展［N］.人民日报，2021-12-07.
马建堂.在高质量发展中促进共同富裕［N］.人民日报，2021-11-10.
潘家华，黄承梁.建设人与自然和谐共生的现代化［N］.人民日报，2021-06-09.
潘家华.绿色，全面小康的鲜明底色［N］.经济日报，2020-08-13.
潘家华.碳中和引领人与自然和谐共生［N］.光明日报，2021-12-29.
潘家华.以习近平生态文明思想为指导建设美丽中国［N］.光明日报，2019-03-26.
彭文生.用科技创新推动绿色转型——奋进“十四五”，建设美丽中国［N］.人民日报，2021-10-08.
乔清举.习近平的生态文明［N］.红旗文摘，2016-7-28.
人民日报评论员.弘扬塞罕坝精神，把我们伟大的祖国建设得更加美丽——论中国共产党人的精神谱系之三十八［N］.人民日报，2021-11-16.
任怡，王义民，等.基于多源指标信息的黄河流域干旱特征对比分析［J］.自然灾害学报，2017，26（04）：106-115.
生态环境部.奋力谱写新时代生态文明建设新华章［J］.求是，2022（11）：23-28.
盛玉雷.让青山常在、绿水长流、空气常新［N］.人民日报，2021-09-01.
施红，程静.在高质量发展中扎实推进共同富裕［N］.光明日报，2021-10-26.
苏舟.为构建人与自然生命共同体贡献中国力量［EB/OL］.（2021-04-25）［2022-07-06］.https://share.gmw.cn/politics/2021-04/25/content_34791475.html.
孙金龙，黄润秋.坚持以习近平生态文明思想为指引 深入打好污染防治攻坚战［N］.人民日报，2021-12-06.
孙金龙.深入学习贯彻习近平生态文明思想 加快构建人与自然和谐共生的现代化［N］.学习时报，2022-01-28.
孙文涛.生态文明建设和经济高质量发展分析［J］.财经界，2021（9）：26-27.
孙秀艳.协力共建地球生命共同体［N］.人民日报，2021-10-19.
孙要良.以系统观念引领新发展阶段生态文明建设［N］.中国环境报，2021-01-20.
汤俊峰.新时代对历史文化的创造性转化［N］.经济日报，2021-12-31.
汪晓东，刘毅，林小溪.让绿水青山造福人民泽被子孙：习近平总书记关于生态文明建设重要论述综述［N］.人民日报，2021-06-03.
王丹，熊晓琳.以绿色发展理念推进生态文明建设［N］.红旗文稿，2017-01-11.
王仕国.深刻把握“三个敬畏”的唯物史观意蕴［N］.光明日报，2022-01-13.
吴晓丹.人类命运共同体建设向着光明前景进发［N］.解放军报，2021-12-08.

夏文斌，蓝庆新. 建立健全碳交易市场体系［N］. 光明日报，2021-08-03.
肖玉明. 正确把握生态文明建设六个关系［N］. 学习时报，2020-09-16.
谢春涛. 中国共产党如何建设社会主义现代化强国［N］. 光明日报，2022-01-19.
谢地. 协调发展是评价高质量发展的重要标准和尺度［N］. 经济日报，2021-11-16.
徐步. 构建人类命运共同体是时代要求历史必然［N］. 学习时报，2021-07-23.
徐鹏. 为全球生态文明发展贡献中国智慧与中国方案［N］. 贵州日报，2018-07-17.
杨国宗. 坚持绿水青山就是金山银山的理念 走以绿色为底色的高质量发展之路［N］. 人民日报，2021-12-28.
杨洁篪. 推动构建人类命运共同体［N］. 人民日报，2021-11-26.
杨开忠，黄承梁. 从战略高度把握生态文明建设新的历史任务和重大意义［N］. 中国环境报，2022-10-18.
叶传增. 人民日报现场评论：绿色发展释放生态红利［N］. 人民日报，2020-12-23.
殷鹏. 给子孙后代留一个清洁美丽世界［N］. 人民日报，2021-07-29.
俞懿春. 中国生态文明建设为全球可持续发展贡献力量［N］. 人民日报，2021-06-06.
袁绍光. 习近平总书记强调的“一盘棋”［N］. 学习时报，2022-01-10.
张进财. 紧紧依靠人民不断造福人民 以人民为中心建设美丽中国［N］. 人民日报，2021-06-18.
张文. 释放绿色发展的潜力［N］. 人民日报，2021-06-04.
张雅勤. 赢得民心、守住人心：乡村建设行动的关键所在［N］. 光明日报，2022-01-21.
赵建军. 新时代推进生态文明建设的重要原则［N］. 光明日报，2019-02-11.
赵渊杰. 从中华优秀传统文化中汲取生态智慧［N］. 人民日报，2021-11-12.
中国宏观经济研究院课题组. 以人民为中心贯彻新发展理念［N］. 经济日报，2022-01-10.
中国社会科学院生态文明研究智库. 开辟生态文明建设新境界［N］. 人民日报，2018-08-22.
周树春. 中国式现代化的人类文明史意涵［N］. 北京日报，2022-01-10.